지구를 구하자!

왜 당장 시작하지 않는 거야?

청소년을 위한 세상읽기 프로젝트 Why Not? 2

지구를 구하자!

마르틴 라퐁 지음

모니크 프뤼당-미노 그림

이충훈 옮김

개마고원

청소년을 위한 세상읽기 프로젝트 _ Why Not? ②

지구를 구하자 !

2009년 9월 24일 초판 1쇄
2019년 9월 30일 초판 3쇄

지은이 | 마르틴 라퐁
그린이 | 모니크 프뤼당-미노
옮긴이 | 이충훈

디자인 | 모리스
편 집 | 문해순, 박대우

펴낸이 | 장의덕
펴낸곳 | 도서출판 개마고원
등 록 | 1989년 9월 4일 제2-877호
주 소 | 경기도 고양시 일산동구 장항2동 751 삼성라끄빌 1018호
전 화 | 02-907-1012
팩 스 | 02-907-1044
이메일 | webmaster@kaema.co.kr

ISBN 978-89-5769-458-0 43530

• 파본은 구입하신 서점에서 교환해 드립니다.
CIP2009002850

Why Not?

차 례

서문

인간과 지구

우울한 결산

오늘날의 인간

세계의 시민들

"50억 명의 우주비행사들, 거대 우주선에 탑승!"

우와! 신문에 이런 기사가 나온다면 정말 굉장하겠죠? 전세계의 라디오와 텔레비전에서 수많은 우주 탐방 프로그램이 방송된다고 한번 상상해 보세요!

우리가 우주로 발을 내디딘 이래, 우리의 푸른 행성이 스타라도 되는 양 사진도 찍어대고 인터뷰도 하면서 하나씩 하나씩 그 비밀을 밝혀낼 수 있었지요. 하지만 지구는 여전히 신비롭답니다. 우리 시대에 과학과 기술이 좀 발전했다고 해서, 잠시라도 우리가 우주의 주인인 양 여겼다면 지구가 먼저 우리에게 그렇지 않다는 걸 일깨워줄 겁니다. 우리 인간들의 야심, 교만, 무분별 때문에 결국 모두가 위험에 빠질 수 있다는 사실을 말이죠.

그러니 지구를 지배하려 하지 말고 먼저 알려고 노력해야 하지 않을까요? 서로 화해하고 존중하기 위해서는 먼저 이해하는 것이 가장 좋은 방법이지요! 우리 모두가 탑승하고 있는 이 '지구호'라는 우주선을 소홀히 한 나머지, 어느 날 우리가 우주에서 먼지처럼 사라지게 하고 싶지 않다면 이젠 지구가 들려주는 이야기에 진심으로 귀 기울여야 하지 않을까요?

1 인간과 지구

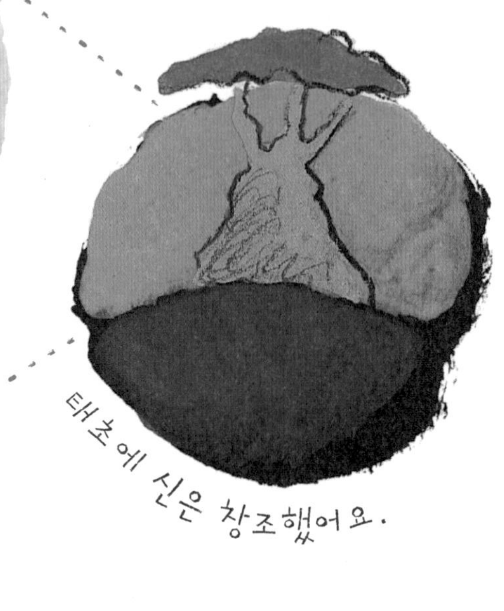

태초에 신은 창조했어요.

우리 지구를,

물과 생명을,

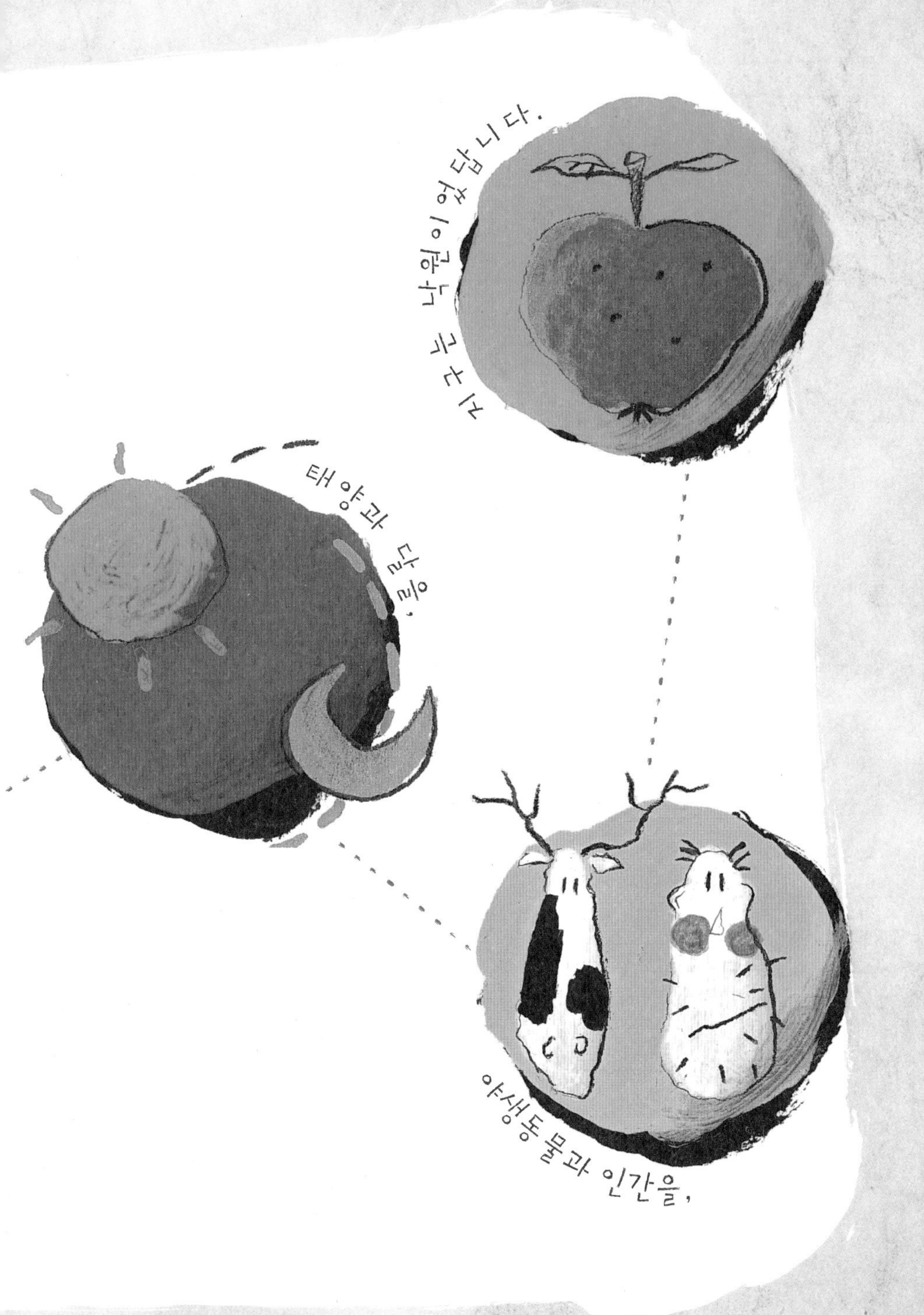
태양과 달을,
야생동물과 인간을,
지구는 나눠야 한답니다.

그리고 신은 하늘과 땅을 창조했나니

자, 모두들 차분히 마음을 가라앉히고 한번 상상해 봐요.

눈은 감고, 귀와 코도 막고, 혀로 맛을 느끼지도 말아요. 도시의 시멘트와 아스팔트도, 오염된 공기의 냄새도, 파도 위에 둥둥 떠 있는 폐유 냄새까지도 잠시 잊어요. 자동차 배기통에서 나오는 소리도, 어쩔 수 없이 듣게 되는 온갖 시끄러운 소음들도 다 잊어요. 진짜 딸기 대신 딸기향료만 잔뜩 들어간 딸기아이스크림의 맛도 잊으세요. 그리고 떠올려 봐요, 이 세상이 만들어지던 첫날의 아침을. 그 싱그러움에 한번 푹 젖어 봐요…….

태초에 신은 하늘과 땅을 창조했습니다. 신이 이르기를 "땅은 풀과 씨 맺는 채소와 열매 맺는 과수로 푸르러지라" 하니, 그렇게 되었지요. 신이 보기에 그 모습이 좋았습니다. 신이 또 말하기를 "빛을 가진 것들은 창공에서 땅을 비추도록 하라. 낮의 빛은 태양이 되고, 밤의 빛은

달이 되어라" 했어요. 신은 물을 만들어 내고, 그 속에다 온갖 생명체들도 만들어 놓았지요. 하늘을 나는 새들도……. 신이 집짐승과 들짐승, 온갖 작은 벌레들도 만들고는 "우리의 모습을 본떠, 우리를 닮은 사람을 만들자. 사람은 바다의 물고기와 하늘의 새와 집짐승과 들짐승, 그리고 모든 기어다니는 것들을 지배하리라"라고 했지요. 그리고 그가 만든 이 모든 것이 보기에 좋았습니다.

낙원의 한 구석

「창세기」 1장(『성경』의 「창세기」 1장은 유대교·기독교·이슬람교, 이 세 종교의 공통 경전이에요)은 바로 우주의 시작과 기원에 대해 그런 이야기로 시작하지요. 지구는 식물과 동물과 인간이 화합하여 조화롭게 살아가는 정원, 말하자면 낙원입니다. 하지만 『성경』에서 말하고 있듯이, 어느 화창한 날 인간은 '지혜의 나무'에 달린 열매를 먹고 나서 더 이상 신을 믿지 않고 신 없이도 살아갈 수 있다고 생각했어요. 태초부터 유지되어온 균형을 깨뜨리고, 이 지구라는 낙원을 자기 것으로 할 수 있다고 생각한 거지요.

먹을 양식을 주시는 어머니, 지구

고대 그리스인들은 지구를 '**가이아**'라고 불렀어요. 그들에게 지구는 풍요로운 어머니, 양식을 주시는 어머니였습니다. 아이들에게 먹을거리를 주는 아주 둥글고 커다란 엄마, 마음껏 받아먹고 싶다면 존중해야 하는 엄마 말이에요……. 물론 여러분들은 지금 지구를 이렇게 생각하지 않을 겁니다. 그렇다면 여기서, 여러분의 작은 타임머신을 타고 인간과 자연이 처음으로 만나던 때로 한번 거슬러 올라가 볼까요?

10만 년 전에 우리 선조들은 어떻게 먹을거리를 구했을까요? 그들은 열매를 따고, 사냥을 하고, 물고기를 잡았지요. 우

리 선조들은 누구 덕분에 그렇게 할 수 있었을까요? 바로 지구죠! 누가 우리 선조들에게 마실 물을 주었나요? 지구죠! 싹을 틔울 수 있도록 비를 받아서 누가 저장해두었던 걸까요? 지구죠! 그렇게 지구는 모든 동물과 인류를 먹여 살렸어요.

그리하여 초기의 인류는, 자신들이 어떤 생명의 끈으로 지구와 이어져 있다는 걸 깨달았습니다. 따라서 그들이 지구는 신성한 것이므로 꽃다발과 과일과 곡식을 바치며 감사의 기도를 드려야겠다고 생각했다는 건 전혀 놀랄 일이 아니지요!

그리스 신화에서 가이아만큼 중요한 신들 가운데 하나로 데메테르가 있습니다. 데메테르는 토지를 대표하고 수확을 도우며 추수를 지켜주는 신이지요. 그래서 고대의 조각상들을 보면, 데메테르는 이삭으로 장식된 관을 쓰고 있지요. 기원전 8세기의 그리스 시인 호메로스는 데메테르에게 기꺼이 경의를 표하며 다음과 같은 찬가를 지어 바쳤죠.

"(…) 오, 여왕이시여, 당신은 인간에게 삶이라는 선물을 주셨고, 그 선물을 인간에게서 다시 가져가십니다. (…) 신들의 어머니, 별이 가득한 하늘의 아내인 당신을 저는 찬양합니다. 제 노래를 너그러이 받아주시고, 제게 행복한 나날을 주소서. (…)"

이처럼 지구는 생명을 주기도 하고 또 거둬갈 수도 있는 존재입니다. 인간은 지구에서 태어나 지구로 다시 돌아가는 것이지요. 죽은 사람을 매장하는 의식은 바로 지구가 자기 자식들을 도로 데려가는 것을 상징합니다. 이렇게 인간을 먹이고 또 제 품 안에 안아주는 게 지구이지요. 그러니 사랑하고 존중해주어야만, 더욱 풍요로워진 지구가 더 많은 수확으로 사람들을 먹여 살릴 수 있게 되지 않겠어요?

마지막 거주자, 인간

이렇게 인간이 지구와 조화롭게 살았던 황금시대는 여러 지역의 신화들 속에 등장합니다. 이집트와 메소포타미아뿐만 아니라 아프리카, 인도, 중국, 오세아니아의 신화에서도 두루 나타나지요.

이 신화들에서 흥미로운 것은, 우리의 아주 먼 선조들이 이 세계를 어떻게 인식했는지 잘 보여줄 뿐만 아니라, 인간이 지구보다 나중에 온 존재라는 메시지를 전하고 있다는 점이지요. 인간보다 월등히 강하고 지혜로운 존재가 이 세상을 창조했다고 말입니다. 인간은 이 지구 위에서 홀로 살아온 것이 아니라 다른 수많은 생명들과 함께였고, 세상은 인간이 나타나기 전에도 아주 잘 돌아가고 있었다는 것이지요. 그래서 우리 선조들은, 인간은 모든 피조물에서 '신의 지문'(신의 손가락 지문이 남아 있으니, 신의 손길로 빚어진 존재들이란 뜻 -옮긴이)을 보아야 한다고 말했던 거예요. 신이 만물을 창조했으니 신에게 그 영광을 돌려야 한다고요. 이런 식으로 세상을 바라본다면 틀림없이 누구든 겸손해지겠지요.

식물은 우리를 필요로 하지 않아

지구에 관한 이런 믿음과 생각은 신화에 담겨 계속 우리에게 전해져왔어요. 그런데 이런 믿음은 오늘날 유럽생태학연구소 소장 장-마리 펠트의 과학적인 이론과도 정확히 일치한답니다. 실제로 그는, 식물 없이는 인간이 있을 수 없는 데 반해 식물은 인간 없이도 온전히 잘 살아갈 수 있다고 설명하지요. 그렇다면 우리의 먼 선조들

이 식물학을 조금이라도 배운 적이 있었던 걸까요? 그럴 리 가요! 하지만 그들은 그저 자신을 둘러싼 환경을 잘 관찰했을 뿐이었는데도 정확히 그렇게 생각했던 거죠!

식물은 30억 년 전 지구에 처음 나타났어요. 식물은 인간보다 천 배나 더 오랫동안 지구에 거주한 셈이죠. 라퐁텐의 우화에, 지구는 최초 거주자의 것이라는 말이 나옵니다. 그리고 분명히 식물은 우리, 즉 '인류'라는 젊은 축들보다 먼저 출현했지요! 우리는 자연 속에 존재하는 50만 종에 이르는 식물들을 알고 있어요.(여기에는 인간이 고도의 기술로써 인위적으로 만들어낸 식물종들은 포함되지 않아요.) 하지만 아직도 우리가 모르는 식물들이 무수히 많다고 하지요.

인간은 우주의 작은 한 점일 뿐

이처럼 식물은 우리 없이도 잘 살아갈 수 있습니다. 그런데 왜 인간은 자신이 지구 위의

다른 모든 것들보다 우월하다고 성급하게 결론을 내렸던 걸까요? 사람들이 지구에서 살아왔으니까, 그들에게 지구가 우주의 중심으로 여겨지는 건 자연스런 일이겠죠. 하지만 16세기에 이루어진 수많은 발견들 때문에 곧 지구가 더 이상 우주의 중심이 아니라는 사실이 과학적으로 증명됩니다.

1543년에 니콜라우스 코페르니쿠스는 『천체의 회전에 대하여(De revolutionibus orbium coelestium libri)』(전6권)라는 대단히 훌륭한 책을 라틴어로 썼습니다. 제6권에서 그는 지구가

우주의 중심에서 붙박혀 있는 게 아니라 태양의 주위를 돌고 있고, 지구 자체도 자전(自轉)하고 있다는 사실을 수학적으로 증명했지요. 당시로선 그야말로 청천벽력 같은 일이었습니다! 이제껏 우리가 알던 세계와는 다른 많은 세계가 또 있을 수 있다는 말이었으니! 진정한 혁명이 일어난 것이죠. 우주는 끝이 있고 닫혀 있으며 하늘과 땅이라는 완전히 분리된 두 영역으로 나뉜다고 했던 아리스토텔레스와 프톨레마이오스의 낡은 이론들이 그때까지 유행했지만, 이윽고 골방으로 들어갈 처지가 되고 말았습니다.

성경 말씀은 잊히고……

사람들은 자신이 단지 우주의 작은 한 점일 뿐이라는 데 자존심이 상했습니다. 그래서 더욱 우주의 주인이 되고 싶었지요. 그러니 이제 본격적으로 자연을 지배하려고 엄청난 노력을 쏟아붓겠지요. 하지만 어떻게 말이죠? 무엇보다 먼저 고대의 낡은 신화들을 더 이상 믿지 않고, 오만한 말일지 모르지만, 『성경』의 이야기가 사실 전혀

수학적이지 않다는 점을 보여주면 되었지요.

'상상력이 아니라 이성에서 나온 과학적 방법을 올바로 사용한다면, 분명 세상을 정확히 알게 될 것 아닌가!'

이렇듯 사람들은 숫자와 도구, 또 몇 가지 관찰과 가설, 정리(定理), 여러 가지 검증을 통해 지구 전체에서 인간이 제일 우월하다는 걸 드러내고 싶었어요. 자신들이 지구를 지배하고 있다는 점을 지적인 방식으로 증명하고 싶어 했지요.

어떻게 세상을 지배할 것인가?

17세기 철학자들과 과학자들은 이런 진지한 논쟁을 하게 됩니다. '인간이 어떻게 하면 자연의 주인이 될 수 있을까?' 바로 그것이 알고 싶었던 거지요. 그리하여 니콜라우스 코페르니쿠스의 발견이 있었고, 그 뒤 갈릴레이와 아이작 뉴턴의 발견도 이어졌지요. 이렇게 과학혁명이 차츰 발전해가면서, 과학적 발견의 수도 폭발적으로 늘어났습니다.

최초로 천체망원경을 만든 사람은 베네치아에 살던 갈릴

레이였습니다. 그는 우주를 그때까지와는 전혀 다른 눈으로 보게 해주었지요. 어떤 눈이냐구요? 그것은 본래 인간이 지닌 시력의 한계를 엄청나게 먼 거리로까지 연장시켜준 거대한 눈이었지요. 이렇게 도구를 이용한 덕분에 새로운 연구영역이 열렸습니다.

그리하여 관찰하고 측정하여 검증해가는 실험의 방법들이 생겨났고, 이로써 현대 과학의 시대가 열리게 되었지요. 실험과 오류를 거듭하면서, 사람들은 세상의 구조와 기원을 이해하는 데 조금씩 성과를 얻어가게 됩니다. 이제 더 이상 시적 상상력 같은 건 별로 도움이 안 되었지요.

갈릴레이 1564-1642
천체 망원경

진보의 덕택으로 군림하다

우리가 여전히 '빛의 세기'라고 부르는 18세기에 이르면 이러한 과학혁명과 함께 이성주의의 승리를 보게 됩니다. "진보의 시대로다", 교양 넘치는 살롱에서는 모두들 입에 이 말을 달고 살았지요. 이성, 올바른 이성, 그리고 이성에 동반되는 온갖 종류의 추론들은 틀림없이 인간을 행복하게 해줄 테지요. 그리고 매일 매일 인간을 앞서 나가게 만들고요. 최초의 산업혁명은 바로 이런 낙관주의, 인간 이성에 대한 믿음, 그리고 이 모든 것을 지배하는 법

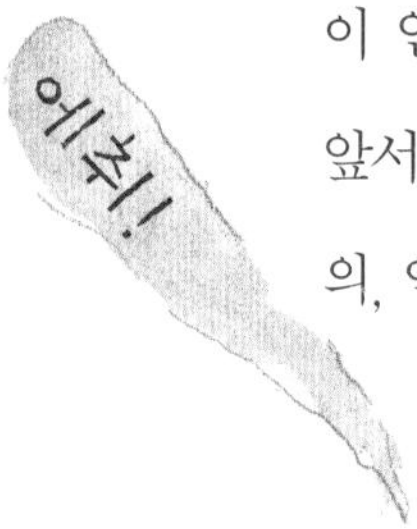

칙들을 발견하고자 하는 열망으로부터 태어나게 되지요.

1776년에 제임스 와트는 증기기관을 발명하게 됩니다. 이 기계는 다른 발명품들과 더불어 노동과 경제를 확 바꾸어 놓았습니다. 기계를 쓰면 손으로 하는 것보다 작업을 더 빨리 할 수 있고, 더 빨리 작업이 되면 우리는 훨씬 더 많은 상품을 팔 수 있지요. 그러면 우리는 더 많은 돈을 벌 수 있어요! 진보 만세!

'진보의 기계'는 이렇게 시작되었습니다. 이 기계는 이제 멈추지 않을 거예요. 멈추기는커녕 오히려 그 반대죠! 150년 후에 전기를 이용하게 되면서, 이 기계는 더 빨리 달려 지구의 경계를 달까지 넓히게 되지요.

위대한 성공, 전기

이탈리아의 알레산드로 볼타 공작(1745~1827)은 전기에 관해 직접 쓴 책들과 자신의 최신 발명품인 전지(電池)를 나폴레옹 보나파르트 황제에게 선보였습니다. 당시 이 전지는 그다지 기발한 물건으로 여겨지지 않았지요. 그러나 여기에 담긴 전기 덕분에 우리는 산업 발전에 손쉽게 발을 들여놓을 수 있었어요. 전기라는 발명품의 마법을 이해하고, 전기를 일상에 편리하게 응용하게 되면서 '아, 매우 중요한 것이로구나' 하고 깨닫게 된 것은 파리만국박람회가 열렸던 1900년 즈음의 일입니다.

전기 렌지(전기로 작동하는 열판 조리기구 -옮긴이)가 1937년에는 17만 개밖에 없었어요. 다시 말해 약 250명당 한 대밖에 없었다는 얘기죠! 그때 프랑스는 다른 공업 국가들보다 뒤처져 있었거든요. 그렇지만 2차 세계대전이 끝난 1949년부터는 가장 후미진 마을까지 전신주와 전선이 들어가게 되었지요.

그런데 전기는 어떻게 해서 생기는 걸까요? 물론 근육 에

너지로도 만들 수 있지요. 삼십 분 동안 페달을 돌리는 사이클 선수는 0.065킬로와트의 전기 에너지를 만들어냅니다. 전기다리미를 작동시키려면 1000와트가 필요하니까, 이걸로는 티셔츠 한 장도 못 다리겠지만. 그래서 사람들은 수력을 이용하거나 때로 풍력을 이용합니다. 또 석탄, 가스, 석유, 우라늄과 같은 지하자원을 많이 사용하지요. 이런 자원들이 바로 전기를 생산하는 발전소를 작동시킵니다.

이 모든 일이 이젠 그냥 당연해 보이지요? 스위치만 누르면 바로 전기가 들어오니까요. 그래서 우리들은 별 생각 없이 오디오의 볼륨을 최고로 높이거나 전기기타를 큰 소리 나게 연주합니다. 베르시 콘서트장(파리에 있는 대형 콘서트장 -옮긴이)에서 유명한 록 가수 조니 할리데이는 주저 없이 그렇게 하죠. 조니가 공연을 한 번 하면 60만 와트의 전기를 쓴다지요? 과거 베르사유 시 전체가 사용하는 전력이 고작 80만 와트밖에 안 되었다니, 태양왕(베르사유에 궁을 지어 거처했던 루이 14세 -옮긴이)이 지금 살아 있다면 그는 이제 '형광등왕'쯤밖에 안 되겠네요!

우리는 지구가 태양의 주위를 돌고 있다는 것을 직접 눈으로 보게 되면서부터, 지구가 인간이 출현하기도 전에 이미 존재해왔다는 사실을 조금씩 잊어갔습니다. 그래도 몇몇 정신이 제대로 박힌 사람들이 모자란 놈 소리를 들으면서도 지나친 낙관주의를 자제시키고, 그 낙관주의 때문에 저질러지는 자원 약탈과 산업 발전의 위험에 맞서서 목소리를 높이고는 있지요. 하지만 아무도 그들의 말에 귀를 기울이지 않습니다. 이제 지구는 그저 수지맞는 천연자원의 무한한 보급창고일 뿐입니다. 진보라는 이름으로, 발전이라는 이름으로, 과학과 기술, 인류의 행복이라는 이름으로 원할 때는 언제든 사용할 수 있는 것쯤이 돼버렸

어요. 그래서 모두들 마구잡이로 가져다 쓰고 있죠.

진보의 경쟁?

진보를 좋게만 생각하는 기술과 공학의 목록은 매일 매일 늘어나고 있습니다. 인간은 물론 아는 것이 아주 많은 존재예요. 하지만…… 인간이 반드시 현명한 것은 아니에요. 사람들에게 나쁜 경향이 하나 있기 때문이지요. 자기가 만든 발명품을 자신을 둘러싸고 있는 모든 것을 파괴하는 데 사용하는 것!

세상, 특히 물질과 원자와 원자핵을 깊이 이해하게 되면서 사람들은 놀랍게도 원자들의 연쇄반응이 무시무시한 전쟁 무기가 될 수도 있다는 사실을 발견합니다. 1945년 8월 6일과 9일에 미군이 일본의 공격에 맞서기 위해 히로시마와 나가사키에 투하한 원자폭탄은 어느 누구도 그 폭발의 결과를 제어할 수 없다는 점을 보여주고 있지요. 이 일은 그야말로 공포 그 자체였습니다. 수천 명이 죽고 방사능 피해를 입었지요. 그런데 문제는 이것이 홍수, 태풍, 지진, 화산 폭발과 같은 자연재해가 아니었다

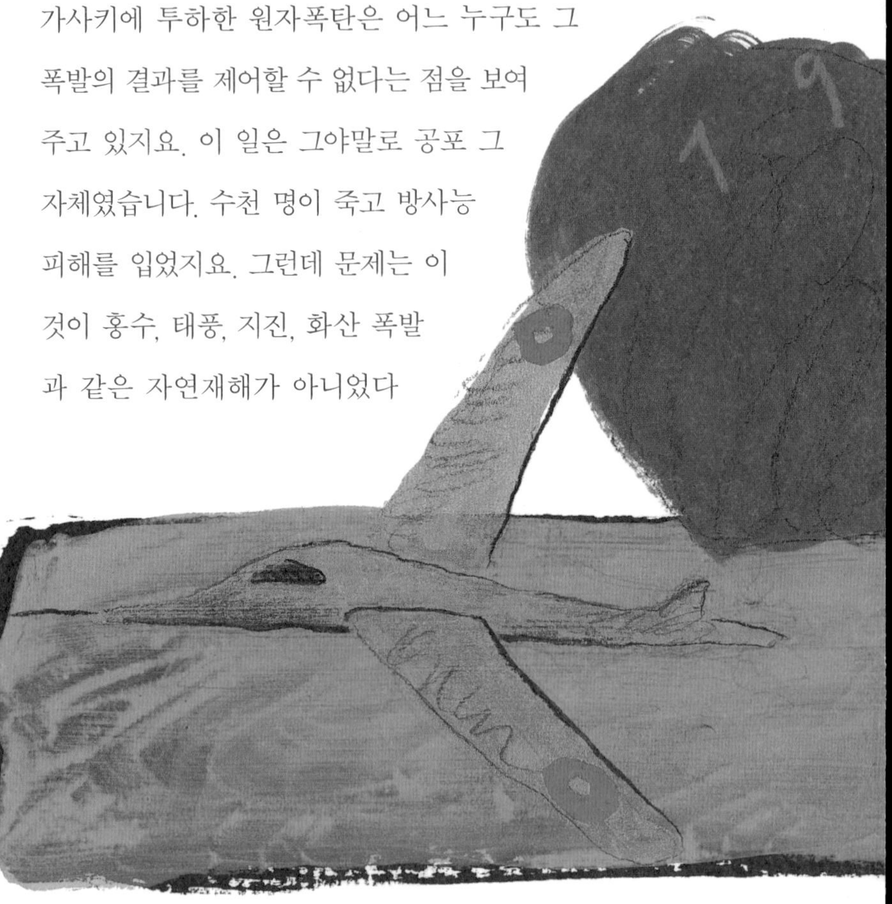

는 겁니다.

우리의 먼 선조들은 이런 재해가 일어나면 지구가 경고를 한다고 생각했어요. 자신을 제일 강한 존재라고 믿는 오만함에 대한 경고 말이죠. 사람들은 지구가 존재해왔던 40억 년이라는 시간을 단 몇 분 안에 파괴할 수 있는 원자력이란 무기를 고의로 사용했어요.

이렇게 지구는 갑자기 위험에 처하게 되었습니다. 그것은 진보 때문이 아니지요. 그건 바로 인간의 광기 때문에, 인간이 지식과 과학 혹은 기술력을 잘못 사용했기 때문에 일어난 일입니다.

우리는 그저 지구라는 오래된 요람에 담긴, 갓 태어난 아기일 뿐이었습니다. 그런데 불과 한 세기가 조금 넘는 시간 만에 이 아기가 약탈을 일삼는 파괴자·살인자·오염자, 한마디로 말해서 푸른 지구를 가장 위협하는 괴물이었음이 증명된 것이죠.

가이아 이론

지구라는 생명체

영국의 과학자 제임스 러브록(James Lovelock)은 『가이아』(1979), 『가이아의 시대』(1988), 『가이아의 복수』(2006)라는 일련의 저서를 통해, '지구상의 생명에 대한 새로운 관점'을 제시했다. 그것은 생물·무생물·공기·땅·바다 등 지구를 구성하는 모든 것이 서로 긴밀히 연계되어 작용하는 하나의 유기체라는, 즉 지구가 '살아 있는 하나의 거대 생명체'라는 대담한 가설이다.(가이아란 '대지의 여신' 이름을 따서 지구를 상징적으로 나타낸 말이다.) 그는, 우리 인간의 몸이 그렇듯이 가이아는 스스로를 자동 조절하는 시스템을 갖추고 있다고 말한다. 그리하여 물의 흐름을 인체의 혈액순환계로 설명하는 '지구생리학'으로까지 연구를 밀고 나간다.

인간이란 바이러스

그런 시각에서 보자면, 예컨대 환경오염이란 가이아가 질병에 걸린 상태이고, 그 병을 일으킨 바이러스는 생태계를 파괴해대는 인류이다. 따라서 병에 걸린 가이아가 면역체계라는 자동조절 시스템을 작동해 이 바이러스들을 멸종시킬 것이란 무시무시한 경고가 되는 것이다. 결국 가이아 스스로 살기 위해 몸부림치는 것이 인류에겐 온갖 환경적 재앙으로 나타나는 셈이다. 5500만 년 전에도 공기 중에 이산화탄소가 너무 많아 지구 생물의 대멸종 사태가 있었다며, 지금은 그때보다 상황이 더 나쁘다고 러브록은 주장한다.

'기후변화협약' 이끌어내

이 이론은 '비과학적 은유'라거나 심지어 '과학이 아닌 종교'라는 반박을 받기도 했지만, 오늘날엔 적어도 근거를 지닌 과학적 가설로 받아들여지고 있다. 더불어 그간 인간이 지구환경 문제를 지나치게 인간 중심으로만 보아왔던 시각에 일대 충격을 주었고, 온실가스 배출을 규제하기로 한 '기후변화협약'(1994년 발효)이 탄생되는 데 중요한 밑거름이 되었다.

2 우울한 결산

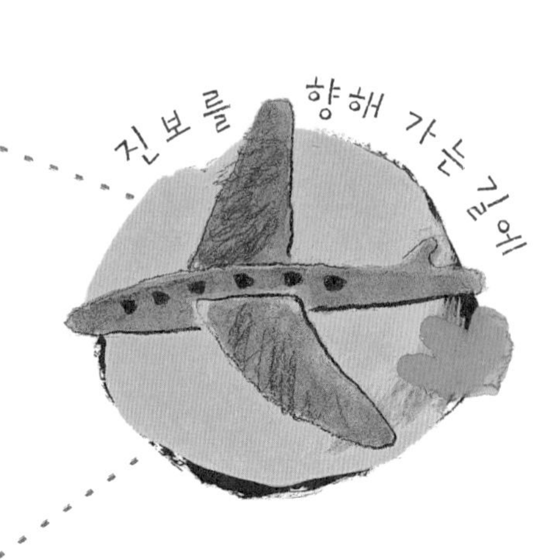

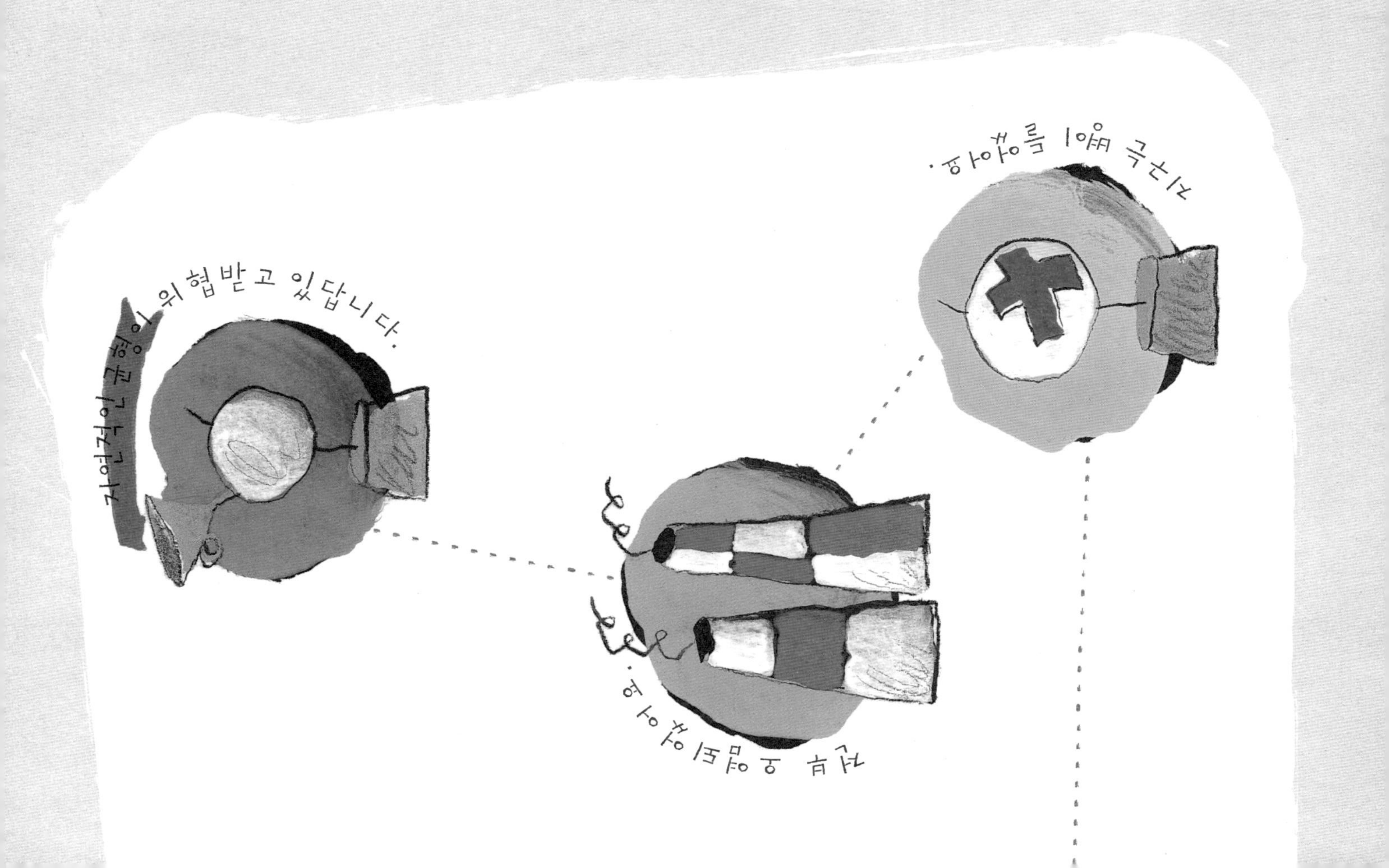
자연적인 균형이 위협받고 있답니다.
전부 오염되었어요.
지구는 병이 들었어요.

마법사의 제자들

20세기 초에도 사람들은 "진보 만세!" 하며 열정적으로 말하곤 했습니다. 그 열정에는 나름 근거가 있긴 하지요. 물은 수도꼭지만 틀면 나오죠, 전기는 아주 간단한 조작만으로도 바로 쓸 수 있죠, 사막의 석유도 주유소 급유기에서 바로 얻을 수 있지요. 그러나 여전히 핵 재난이 일어날 수 있다는 위험에도, 오늘날 원자력발전소의 우라늄 원자는 얌전히 잘 돌아가고 있어요. 화학비료를 뿌리면 밀과 씨앗들이 예전보다 더 빨리, 예전보다 더 잘 싹을 틔우죠. 의학이 발전하면서 우리는 이제 거의 두 배나 더 오래 살게 되었습니다. 만세!

자, 지구와 하늘을 공략했으니, 이제 무슨 일을 하게 될까요? 설마! 다른 행성들, 다른 은하계의 수십억 개나 되는 행

성들이 당분간 우리의 호기심을 틀림없이 만족시켜 주겠지요. 아니면…… 우리는 뭔가를 또 발명해대겠지요. 예를 들면 산딸기가 들어가지 않은 산딸기아이스크림 같은 것 말이에요!

모두가 위험에 빠져 있어

하지만 만일 우리가 고작 마법사의 어설픈 제자(마법사가 없는 사이에 그의 제자가 혼자 마술을 부려보지만 뒷수습을 하지 못하여 낭패를 보았다는 우화 -옮긴이)일 뿐이라면? 그래서 자연이 우리가 저지른 일을 뒷수습하여 다시 균형을 이루어 놓기도 전에, 우리가 더 큰 사고를 쳐버린다면? 그리하여 과연 그 결과가 어찌 될지 따져볼 수조차 없는 지경이 된다면 어쩌지요?

중세 시대에 식물의 신비를 알고 있던 여자들은 마녀 취급을 받았어요. 그 여자들은 아주 많은 것을 알고 있었기에 사람들이 그녀들을 두려워했던 거죠. 하지만 사실 그녀들은 동물과 사람을 치료할 수 있는 약초들을 채취했을 뿐이에요. 자연을 존중하면서요. 그녀들은 풀에게 꺾어도 되겠는지 묻고, 신체의 어떤 부위를 치료하기 위해서 그런다는 걸 매번 그 풀에게 얘기했답니다.

그러나 오늘날 이 마법사의 엉터리 제자들은 지구가 살아 있는 생명체라는 사실을 몰라요. 또 자기들의 성능 좋은 발명품이 비록 매우 쓸모 있고 결코 없어서는 안 되는 것일지라도, 때때로 그것이 우리 모두를 위험에 빠뜨릴 수도 있다는 사실도 모릅니다. 아니, 알고 싶어 하지도 않지요.

위협받는 균형

여러분들에게 질문 하나 할게요. 흙·공기·물·불은 무엇인가요? 자, 4분 드릴게요. 머리를 쥐어짜고 상상력을 발휘해 보세요! 여러분의 탄생 별자리에 대해 말하지는 말고요. 이 주제에 대해 여러분은 정말 무엇을 알고 있나요?

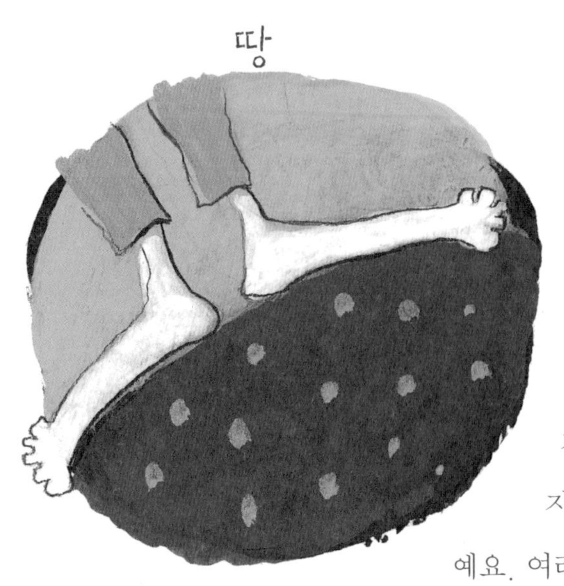

고대인들은 이런 종류의 주제에 대해서는 척척박사였어요. 흙, 공기, 물, 불, 이것은 지구를 구성하는 네 가지 기본 원소지요.

지구라는 땅덩이는 어머니예요. 여러분들은 벌써 그걸 알고 있죠. 공기는 말이죠, 바람, 살아가는 데 꼭 필요한 숨, 그리고 정신과 관련이 있습니다. 공기는 하늘과 땅 사이를 매개한다고 해요. 물은 모든 생명의 기원이고, 또 삶의 모든 형태를 실어 나르죠. 물은 하늘의 선물이라 할 수 있죠. 물은 깨끗하게 씻어서 모든 것을 순수하게 만들어 주니까요. 불은 벼락이나 태양을 상

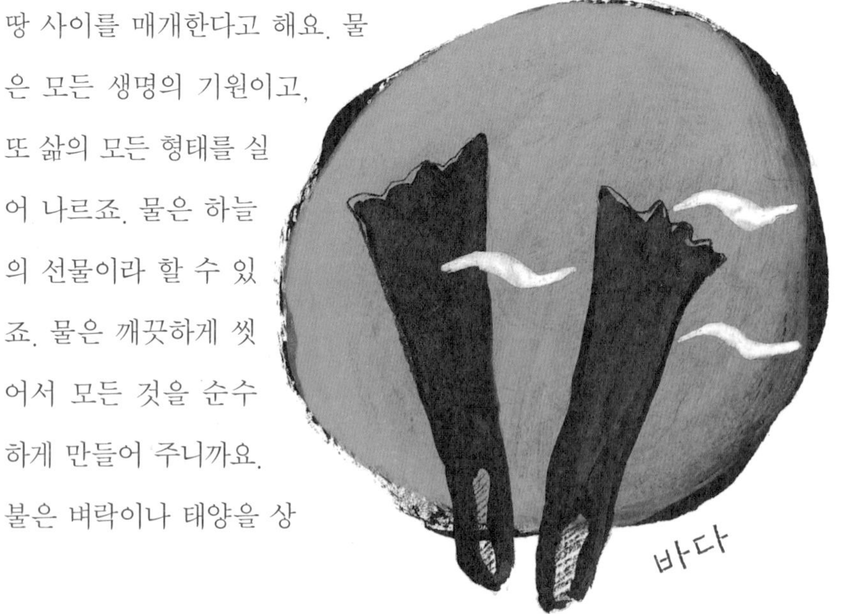

징합니다. 불 역시 모든 것을 순수하게 만들어 주고 새로운 생명력을 주지요.

지구가 제대로 돌아가려면 서로 대립하고 서로 보완하는 이 4원소가 아주 훌륭하게 조화를 이루어야 하지요. 그렇지 않으면 재앙이 오고 맙니다. 물이 너무 많으면 홍수가 나고, 불이 너무 많으면 사막이 되고…….

이러한 4원소가 어떤 작용을 하는지 우리가 더 주의를 기울이고 진지하게 생각했으면 좋았을 텐데. 그러나 실제로 우리는 진보라는 이 굉장한 '장난감'에 정신이 팔린 나머지 쓸모없

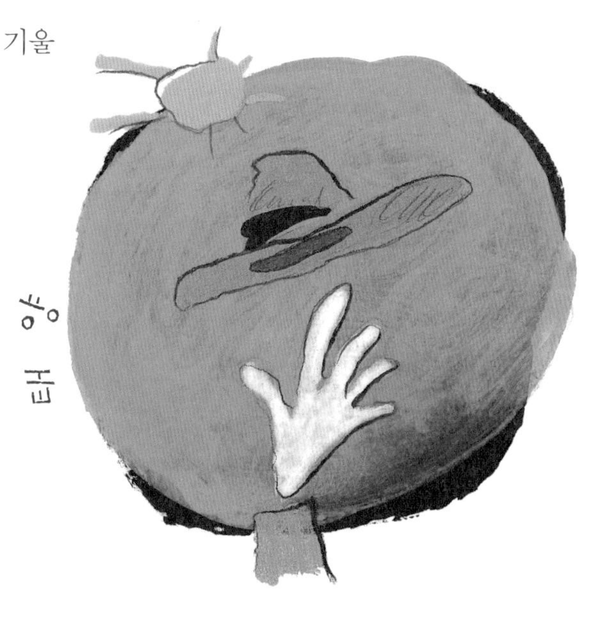

어진 네 개의 주사위처럼 이 4원소를 서랍 속에 처박아두고 있지요. 불행히도 흙·공기·물·불은 오늘날 아주 비참한 상태에 놓여 있습니다.

한번 말해 볼까요? 정말 이 지구가 제대로 잘 돌아가고 있는지 말이에요.

우리의 행성이 아파요

발가락 사이에 타르(석탄을 화학 처리할 때 생기는 기름 상태의 검고 끈끈한 액체 -옮긴이) 한 번 안 묻히고 해변에 들어가본 적이 있는 사람 있으면 손 한 번 들어 보세요! 햇빛 가득한 화창한 오후에 파리에서 자동차 배기구로 나오는 연기를 들이마시고, 길모퉁이에 있는 공장에서 곱절은 더 지독한 냄새를 마시면서 기침 한번 해보지 않았다면, 여러분은 굉장히 운이 좋은 사람이에요.

산불이 나서, 혹은 산에 불을 놓아 밭을 만드느라, 또는 외국에서 들여온 나무와 종이를 사고팔면서 수천 헥타르의 숲이 황폐해졌어요. 일일이 셀 수가 없을 정도로요! 또 햇볕에 여러분의 몸을 구릿빛으로 만들려고 할 필요가 없어요. 오존층에 작은 구멍이 나 있는데다 **온실효과**와 **지구 온난화** 때문에 여러분들은 훈제 청어처럼 까맣게 타서 휴가에서 돌아오게 될 거예요. 요즘에 누가 달짝지근한 옥수숫대를 씹으면서 등이 시린 줄도 모르고 코끼리떼 모양의 구름이 흘러가는 것을 한가하게 쳐다보려고 풀밭에 누워 있겠어요? 방금 지나간 그 구름에 방사능이 있는지, 풀밭이 오염이 되어 있는지 아무도 모르는데!

제 말이 무슨 말인지, 여러분 모두 이해하셨죠? 지구가 아파요. 지구는 자신의 마지막 주민들 때문에 병이 났다고요. 사람들이, 빌린 집을 소중히 여길 줄 아는 세입자가 아니라 교만한 집주인인 양 행세하기 때문입니다. 지구에서 야생 그대로 남아 있는 구석구석까지, 나아가 우리의 접시에 담긴 음식까지 오염이 확산되었어요. 심지어는 환경을 오염시키는 주

범까지도 오염이 되었어요. 우리 지구의 균형을 맡고 있는 4원소는 이제 정말 모두 병들었어요.

그럼, 어디 물부터 어떤 상태인지 확인해 볼까요.

수질오염

1967년에 대형 유조선 토레이캐논 호가 브르타뉴의 가까운 바다에서 침몰하여 두 동강이 나면서 수 톤의 중유를 바다에 쏟아버린 일이 있었습니다. 핑크색 화강암 바위와 해변이 이 기름띠에 덮여 사라져버렸지요. 갈매기와 가마우지 같은 새들은 끈끈한 것이 몸에 달라붙어 있으니 더 이상 날 수도 없었고, 결국 기름에 중독되어 죽어갔지요. 수많은 물고기들 역시 질식하여 바다 위에 배를 내놓고 뜬 채 죽었어요. 홍합, 굴, 성게 같은 패류(貝類)들도 모두 오염되었죠. 그러자 그 기름띠를 막아보려고 바닷물 위에 세척제를 뿌렸어요. 그런데 해조류와 플랑크톤은 이 세척제를 흡수

할 수도, 분해할 수도 없었어요. 끔찍한 일이었죠! 그 후 여러 해 동안 브르타뉴 사람들과 자원봉사자들은 손으로 직접 바위에다 솔질을 해야 했어요. 필사적인 인내심이 필요한 일이었지요. 그렇게 해서야 겨우 가까운 바닷가의 화강암들은 원래의 핑크빛을 되찾을 수 있었습니다.

오늘날 해양오염은 주로 하수도로 버려지는 생활폐수와 항해하는 배들이 쏟아내는 폐수 때문인데, 그 오염 정도가 대

단히 우려할 만한 수준이지요. 특히 라인 강과 같은 하천의 오염에 대한 기사가 주기적으로 신문의 1면을 장식할 정도예요. 몇몇 산업체들은 거리낌 없이 세척제가 가득한 폐수와 더불어 이런저런 화학 물질들을 강으로 흘려보내고 있고요. 잉어나 모래무지가 이런 것들을 좋아

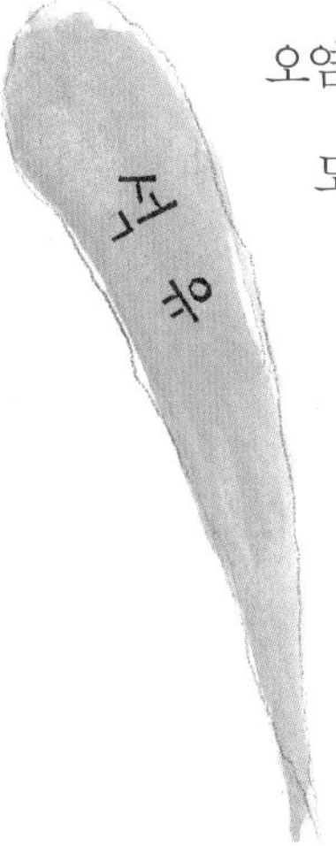

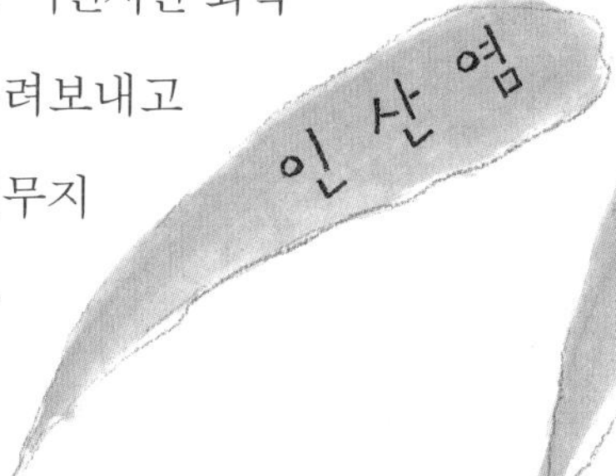

할 리 있겠어요? 제지용 펄프를 표백하는 데나 쓰이는 염소(鹽素)로 양념을 한 송어회의 맛은 또 어떻겠어요?

농약을 좀 더 쓴다고?

땅, 혹은 토양도 역시 사정이 심각해요. 경작지엔 농약이 가득 차서 더 이상 흡수조차 되지 않는 지경에 이르렀습니다. 여러분도 알겠지만, 농약 제품

젠장……
제 초 제
살충제
나는
죽인다
개미들
나 배고파 죽겠어
곤충들
바둑판무늬
토양으로 침투
줄무늬
마실 수
없음
공벌레

들은 해충이나 수확을 방해하는 벌레들을 없애는 데 쓰이지요. 그러나 걱정되는 것은, 푸른 진딧물들을 걸신들린 듯 먹어치우는 울타리의 새들이나 무당벌레들도 농약을 아주 싫어한다는 거죠!

게다가 토양을 비옥하게 하고 수확량을 더 늘리기 위해 질산염이 사용되곤 하는데, 자주 많이 사용하다보니 그것이 땅속 깊숙한 데까지 녹아들게 됩니다. 그리하여 땅 위에 쏟아부은 것이 식수로 사용되는 지하수마저 오염시키는 거지요.

그래서 그저 가까이에 있는 샘물 한 잔을 마시는 것만으로도 때때로 생쥐가 갉아먹은 치즈만큼이나 빨리 여러분의 위장에 작은 구멍을 낼 수 있을 정도예요. 그래요, 내가 좀 과장을 하고 있지만 그렇게 많이는 아니랍니다!

전기톱 학살

자, 여러분도 한번 인디언들처럼 땅에 귀를 대어 보세요. 여러분들이 땅의 심장이 뛰는 소리를 들을 수 있을까요? 오히려 여러분들은 전기톱 학살 소리를 듣게 될 겁니다. 지구의 도처에서 수많은 나무들이 종이를 만들기 위해, 난방을 위해, 골조·널빤지·가구를 만들기 위해 베어지고 있어요. 사람들은 더 넓은 땅을 경작하기 위해, 또는 브라질의 '아마존 횡단 도로'와 같은 엄청나게 큰 길을 닦기 위해

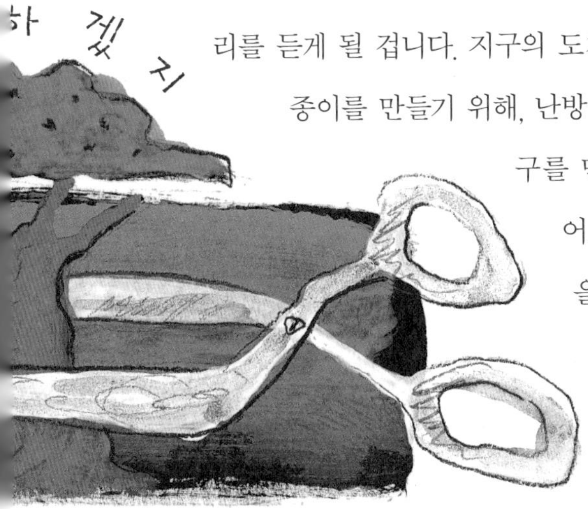

숲의 나무들을 베어내고 있어요. 1987년에 카파요 인디언들에게서 5000입방미터의 흑단 숲(약 2500그루)을 빼앗는 대신, 고작 15킬로미터의 도로와 한 대의 도요타 자동차, 한 군데의 약국과 몇 마리의 가축이 보상으로 지급되었다지요. 우리가 현대식으로 아마존 숲을 '개척'한다는 게 바로 이런 겁니다. 사람들이 도대체 생각은 하고 사는지 모르겠어요.

사막이 몰려온다

사방에서 땅이 파헤쳐지고 있어요. 나무를 다시 심지 않고 베어버리기만 하면 환경과 토양의 균형은 깨어지게 됩니다. 그러면 그 땅은 조금씩 사막이 되어 몰려옵니다. 특히나 아프리카에서 그랬지요. 올바른 생각을 가진 사람들이 만류했지만, 대다수 사람들은 숲이란 그저 이용해먹을 대상으로만 여긴 거지요. 또 히말라야에서도 차(茶)나무를 더 늘리려고 산 경사면에 있던 나무들을 베어내 버렸죠. 그러자 비만 좀 쏟아졌다 하면 흙이 무너져 내리고 말지요. 그래서 홍수가 나고 지표면의 흙이 자꾸 물에 떠

내려가 없어지고요.

자연의 균형이 혼란에 빠지면 우리가 때때로 '자연재해'라고 잘못 부르는, 그런 일이 일어납니다.(자연이 재해를 일으키는 게 아니라 인간이 재해를 일으키는 거니까요.) 자주 이런 재해가 일어나는 것은 사람들이 자기가 정착했던 자리를 존중하지 않기 때문이에요. 사람들이 갑작스럽게 환경을 변화시키면서 자신들이 저지른 위험을 계산에 넣지 않았던 것이죠.

골 족(프랑스에 살았던 옛 주민 -옮긴이)은 하늘이 자기들 머리 위로 무너지지 않을까 두려워했다지요. 하지만 그 사람들이 아주 틀린 것은 아니에요. 최근에 위험하고 치명적인 홍수가 거의 세계 도처에서 발생하고 있지요. 홍수가 나면 지나가는 자리마다 모든 것을 쓸어가 버립니다. 그다음에야 겨우 우리는, 아무렇게나 나무를 베고 아무 데나 집을 지으면 홍수를 각오해야 한다는 걸 깨닫곤 하죠.

돌을 그 자리에 그냥 두세요!

나무뿌리가 흙을 움켜쥐고 있

어서 자연의 균형을 이루는 역할을 한다면, 돌들도 마찬가지입니다. 광물의 세계에 속하는 돌 역시 식물이나 동물만큼 지표면의 균형을 위해 중요하지요. 땅이 비옥한지 아닌지도 바로 이 돌들에 달려 있어요.

실제로 돌은 땅이 최소한의 습기를 유지하게 해줍니다. 게다가 바람이 지표면의 먼지를 완전히 날려버리지 않도록 막는 데 요긴하지요. 돌이 이런 식으로 보호해주지 않으면, 지

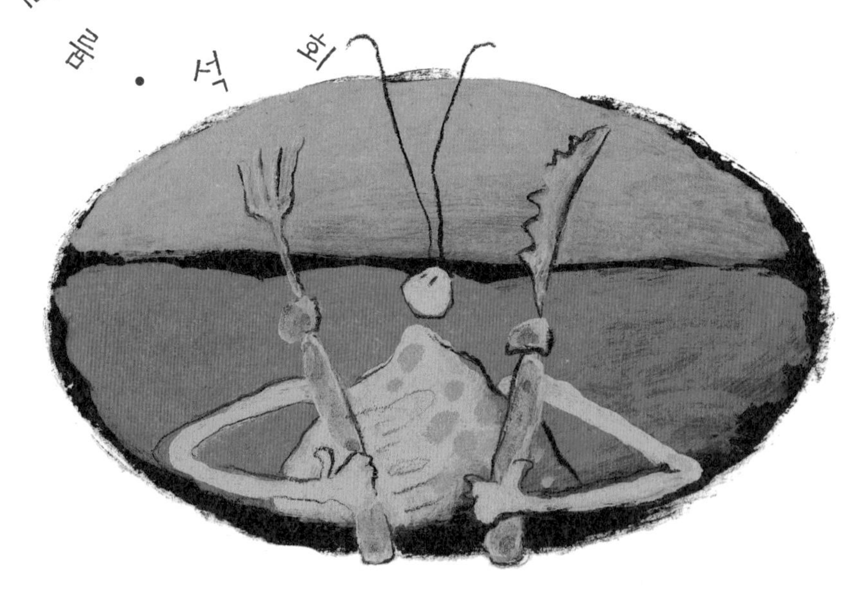

표면은 계속 깎여나가고 좋은 부식토층도 사라져버리고 맙니다. 이 부식토층이야말로 식물들이 좋아하는 것인데, 식물은 성장하기 위해 뿌리로 부식토를 마음껏 빨아먹는답니다. 이 '부식토'가 사라져버리면, 세상만물이 사막처럼 마르고 거친 땅 위에 서 있는 거나 다름없지요.

또 돌은 이 소중한 부식토를 만들도록 도와주는 곤충과 애벌레, 지렁이, 세균들의 작은 세계를 보호합니다. 게

다가 돌에는 경작지의 토양을 풍요롭게 하는 데 필요한 석회질, 인산염, 석회, 칼륨 같은 화학 성분들이 들어 있지요. 돌만 있다면 비료도 비타민도 필요하지 않습니다. 동물들을 보세요. 자신에게 필요한 광물성 소금을 얻으려고 돌을 핥아대지 않습니까.

무의 싹을 틔우려고 작은 돌멩이나 자갈을 전부 다 들어내 버렸다고요? 그것 참 안타깝네요! 큼지막한 오래된 돌이 여기저기 흩어져 있었다면 여러분은 올해의 일등 정원사로 뽑히거나 멋진 채소밭 챔피언이 되어 왕관을 쓸 수도 있었을 텐데 말이죠. 다시 한번 말하지만 토양의 자연적인 균형을 무시하는 것이야말로 지구를 비정상적인 상태로 몰아넣는 일이에요.

'콘크리트' 진보!

우리가 다니는 길에 깔려 있는 돌들을 대신할 더 단단한 물질을 우리는 늘 만들고 싶어 했지요. 더 먼 길을, 더 빨리 가고 싶어서 사람들은 시멘트나

콘크리트, 타르와 같은 내구성이 강한 재료를 만들어 냈고요. 하지만 이런 물질들이 자연스럽게 분해되지 않아 우리 모두가 죽은 다음에도 아주 오랫동안 남아 있게 되리란 걸 미처 생각지 못했어요.

자동차가 도로 위를 달리면 도로 포장은 매일 조금씩 닳게 되는데, 그렇게 해서 프랑스에서만도 300톤 이상의 시멘트·콘크리트·아스팔트·자갈이 부서져 남은 물질들과 흙에서 나오는 크고 작은 먼지들이 우리가 마시는 공기 속으로 흩어져 나옵니다.(상상해 보세요, 10톤이 층층이 쌓여 삼십 배나 된 무게를!) 이 먼지들이 1년에 1센티미터 두께로 주변에 조용히 쌓이고 있습니다. 지구가 이렇게 오염물질로 화장(化粧)을 해서야 될 말인가요?

천 년, 만 년도 사는 유리

여러분들은 유리나 플라스틱으로 된 오렌지주스 병이 규석, 석회질, 소금, 원유(原油)와 같은 광물질로 만들어졌다는 것을 잘 알고 있을 거예요. 그런데 여러분들이 아주 좋아하는 숲으로 소풍을 갔다가 그 주스 병을 숲속 어느 나무 밑에다 깨뜨려서 버린다면 어떻게 될까요? 파란 이끼가 깔린 땅과 고사리들이 여러분들을 그야말로 시퍼렇게 노려보지는 않을까요?

유리가 쉽게 깨어지고 가루로 돼버리기는 하지만(여러분들도 아마 그런 경험이 있을 거예요!) 유리를 구성하는 물질들이 자연적으로 분해되려면 3만 년이나 걸린답니다. 20여 년 전에 아드리아 해의 해변에서 어느 수영객이 파도 때문에 반짝반짝 윤이 나게 닳은 유리 조약돌을 찾아냈는데, 그게 무려 11세기 베네치아의 유명한 유리 제조 장인들이 처음으로 만들었던 것이었다고 합니다.

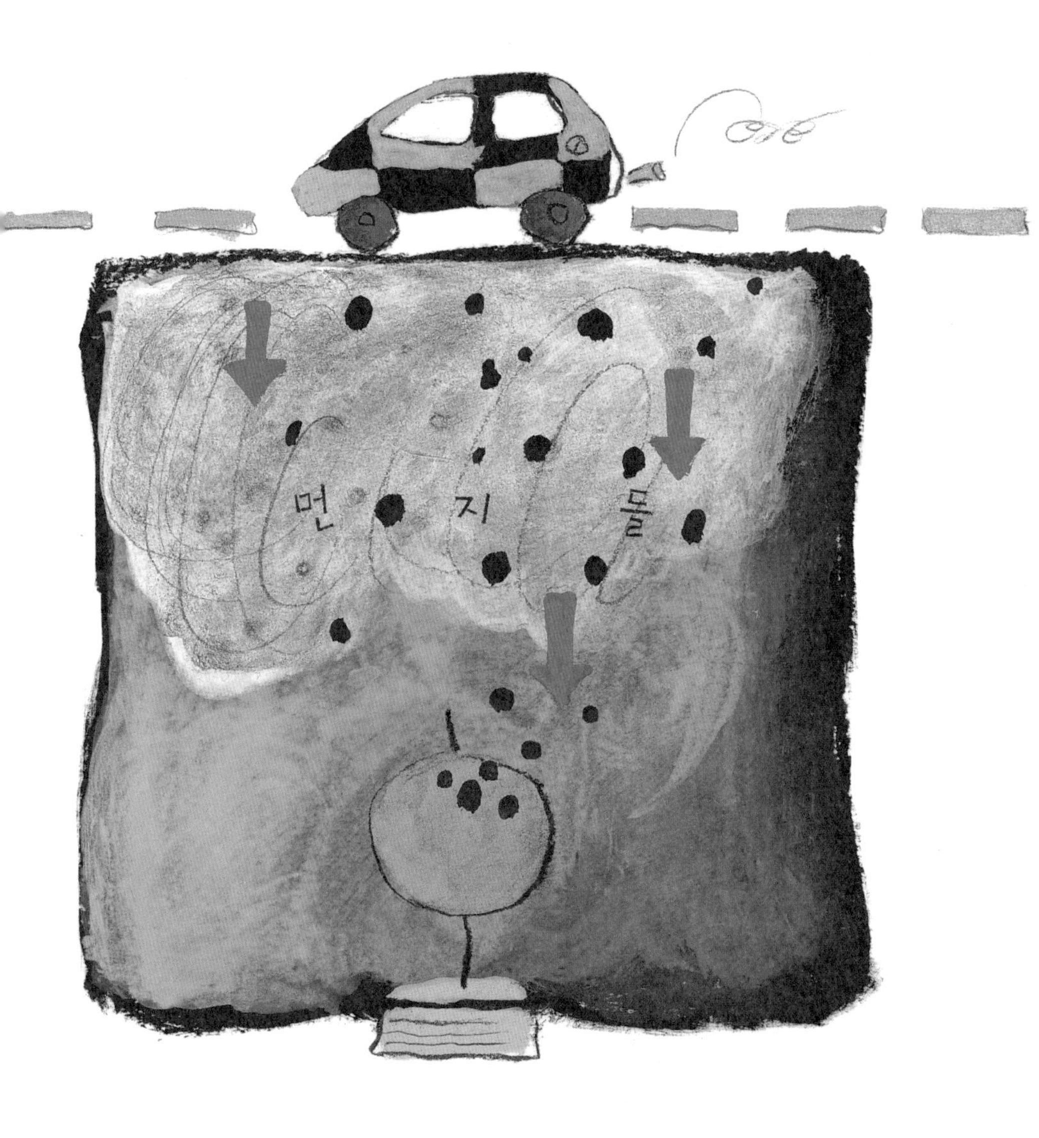
먼 지 물

좋은 공기 한 사발

물은 오염되었고, 흙은 질산염과 농약으로 포화 상태고, 이제 공기가 남았군요……. 우리가 살아가기 위해서는 공기가 절대적으로 필요하죠. 공기에 산소가 들어 있으니까요. 하지만 기이하게도 우리는 공기를 희박하게 하고 오염시키려 애를 쓰고 있어요.

공기를 희박하게 만드는 일은 그리 어려운 일이 아니에요. 퐁텐블로 숲에서 1년 동안 재생되는 만큼의 산소를 소비하는 데는 파리에서 뉴욕으로 보잉 707기를 타고 여행 한 번 하는

에 취 !

것으로도 충분해요. 더 간단한 예를 말해 볼까요? 담배 몇 개비를 태우면 돼요. 실제로 매일 전세계에서 피워대는 담배와 파이프, 궐련을 다 합해보면 무려 산소 3만 톤이 태워 없어지고 있는 거랍니다!

산소를 만드는 것이 식물, 특히 숲인데, 지금 그 숲이 대규모로 파괴되고 있다는 것은 알고 있지요? 어때요, 숨이 좀 막히는 것 같지 않나요?

여러분들이 어쩌다 신선한 공기라도 크게 한 모금 들이마시고 싶을 때 조금은 실망할 수 있어요. 점점 더 공기가 숨쉬기 힘들게 되어가기 때문이죠. 공장에서 나오는 매연, 큰 불로 생긴 유독 가스, 엄청나게 많아진 자동차가 내뿜는 배기가스, 그리고 바람을 타고 무자비하게 운반되는 황사와 같은 또 다른 나쁜 것들이 있으니까요.

이스라엘의 사해(死海) 가까이에 마사다 성벽이 있어요. 이 성벽은 도시에서 아주 멀리 떨어져 있어서 그 어떤 오염과도 거리가 멀어 보이지요. 하지만 사람들은 최근 이 성벽이 우크라이나, 독일, 심지어 영국에서 온 산업 먼지들로 조금씩 망가지고 있다는 사실을 알게 되었어요. 그러니 우리의 폐가 이따금씩 근질거린다 해도 그리 놀랄 일은 아니겠죠.

방독면 의무 착용

대도시에서 오가는 자동차들 꽁무니로 쏟아져 나오는 시커먼 매연에게 파리의 개선문이나 뉴욕의 자유의 여신상에 대한 존경심을 갖기를 바랄 수 있겠어요? 이 배기 가스는 지금도 개선문과 자유의 여신상을 아주 열심히 훼손하고 있지요! 그 가스가 여러분의 코를 따끔거리게 하지나 않을까 걱정이라면, 그래서 끊임없이 콜록거리고 싶지 않다면, 코와 입을 보호하는 작은 마스크를 착용하는 게 좋을 거예요. 도쿄의 일본인들은 벌써 오래 전부터 마스크를 쓰고 다녔지요. 파리에서도 점점 더 그런 일본인들을 닮아가는 사이클 선수가 늘어나고

있어요.

구멍 난 오존층

그러니까 공기가 물이나 흙보다 운이 더 좋은 것도 아니네요. 대기권 자체가 날마다 파괴되고 있으니 말이에요. 두께가 200킬로미터나 되는 이 거대한 공기층은 지구와 지구 주민들을 보호하는 역할을 하기 때문에,

우리에게 결코 없어서는 안 되는 것이지요.

대기는 커다란 샌드위치처럼 겹겹이 쌓인 여러 층으로 구성되어 있습니다. '대류권'은 첫번째 층으로 지구와 가장 가까운 대기 영역이고, 여기에서 구름들이 움직이며 다니지요. 다음으로 '성층권'이 이어지는데, 이것의 높이는 50킬로미터에 이릅니다. 태양의 해로운 광선인 자외선으로부터 우리를 보호해 주는 오존층이 바로 이 성층권에 있습니다. 우리가 조심하지 않으면 자외선은 우리의 눈에 손상을 입히고 피부암을 일으키죠. 오존층은 이 자외선을 열심히 걸러낸답니다. 하지만 오존층이 하는 일을 도와주고 감사하기는커녕 우리는 성층권을 열심히 오염시켜왔어요. 그렇게 오염이 점점 더 심해져서, 결국 오존층에 구멍이 나버렸죠. 거의 그렇게 되어버리고 말았어요…….

실제로 오존층은 유독한 매연뿐만 아니라 우리가 아주 일상적으로 사용하는 모든 종류의 분무기(페인트, 래커, 세제) 때문에 굉장히 많이 줄어들었어요. 한 번, 또 한 번 그렇게 쏴~ 하고 사용하다 보면…… 그 다음엔 끝이죠! 무엇보다도 되돌릴 수 없는 끔찍한 피해가 일어나게 된다는 거예요. 불행하게도 우리는 오존층의 구멍을 다시 메울 수 없으니까!

하지만 이 모든 것도 어쩌면 1986년 체르노빌 원자력발전소의 대참사로 생긴 방사능 구름과는 비교가 안 될는지 모릅니다. 그때 원자로 누출 사고로 생긴 방사능 구름이 거쳐간 나라마다 광범위하게 방사능의 피해가 나타났지요.

어두운 자화상

여러분들이 지금 생각에 잠겨 있는 거 알아요. 저는 여러분들이 네 번째이자 마지막 원소인 불은 오염을 일으키지도 않고 오염되지도 않았기를 바라고 있다는 걸 말이죠. 그러나 불행히도 전혀 그렇지가 못하답니다……. 오늘날 인간의 손에서 불은 파괴의 도구가 되어버렸죠. 인간이 50년 된 울창한 숲도 그저 몇 시간이면 불에 타버린다는 것을 알게 된 이후, 여러 지역에서 재앙이 일어났지요. 지표면의 부식토와 미생물들이 그렇게 점점 사라지고요. 그리하여 검게 타버린 가지들을 앙상히 드러낸 나무들만 최후의 생존자처럼 남게 되지요.

다른 지역으로도 가 볼까요? 열대나 적도 지방의 식물들

은 아주 무성할 뿐 아니라 금세 퍼져 나갑니다. 농사를 지으려고 땅을 일굴 때, 삽과 곡괭이를 사용하는 것이야 문제가 없어요. 불도저나 커다란 트랙터, 전기톱을 써야 할 때도 있지요. 하지만 때때로 토양 자체가 농사에 그다지 적합하지 않을 때에는 이런 기계들도 소용이 없습니다. 그러면 어떻게 할까요? 숲에, 사바나에, 가시덤불을 제거해야 하는 모든 곳에 불을 놓는답니다! 그러면 토양이 곧 깨끗해져요. 대농장이 농작물을 키우는 데 방해가 될 수 있는 모든 종류의 기생생물들이 없어지는 거죠!

하지만 그렇게 되면 토양은 조금씩 메말라가고 숲이 줄어들면서 그곳의 풍경마저 바뀌게 됩니다. 그리고 누군가 다시 나무를 심지 않는다면 자연조건 역시 변하게 되지요. 나무가 없어지면 없어질수록 비는 적게 오게 됩니다. 물론 비가 적게 와도, 태양은 여전히 옥수수나 카사바(덩이뿌리가 알코올을 만드는 원료로 쓰이는 식물 -옮긴이)를 뜨겁게 달구겠지만요. 마을에서 작은 농장의 밭뙈기를 태우거나 벌채를 하는 것은, 불안한 일이기는 해도 최악의 경우는 아니에요. 하지만 커피나 카카오 또는 사탕수수를 대규모로 경작하는 경우에는 문제가 전혀 달라지지요.

21세기의 행성은 어떤 모습일까?

비가 덜 오면 지하수도 당연

히 줄어들겠지요. 그 지하수로 대농장에 물을 공급하고 가축을 먹이고 매일 소비할 식수를 대어야 하는데 말이죠. 한데 불에 다 타버린 나무들만 남아 있는 겁니다.

우리가 매일같이 장작불로 가족의 식사를 준비하려 한다면, 땔나무를 어디에선가 구해야 하죠. 숲에서는 장작이 무료예요. 나무 삭정이를 줍는 것으로 충분하지 않을 때는 어리

고 연약한 나무를 베는 편이 더 쉽겠죠. 그러나 쓸 만한 나무 한 그루를 얻으려면 5년이 걸립니다. 그런데 숲이 자라나기가 무섭게 불타버린다면, 어떻게 해야 다시 숲이 생길 수 있을까요? 문제는 늘 이렇게 자연의 균형 문제로 돌아옵니다. 우리가 의식하지 못하는 사이에 사막이 몰려오고 있어요. 1년에 비옥한 600만 헥타르의 땅이 사막이 되고 있답니다.

고대인들은 물, 흙, 공기, 불을 모든 생명의 근본이 되는 요소들로 보았지요. 이 점에 대해 21세기를 사는 우리는 어떻게 생각하고 있나요? 이 네 가지 구성요소들의 균형이 점점 깨어져서 발생하는 지구 온난화를, 언제나 모든 것을 다 쓸어가 버릴 홍수를, 점점 더 우리를 위협하는 사막화를, 물을 차지하기 위해 벌이는 전쟁을, 돌이킬 수 없는 방사능 오염을 마

농약
집단 자살
살 쪄버렸어.
비닐봉지를 먹었어.
나는 기침한다, 너희들은 기침한다

냥 바라만 봐야 할까요?

"모든 일이 다 잘될 거예요, 후작 부인. 모든 일이 다 잘될 거예요, 모든 일이 다 잘될 거예요."(1935년 발표된 프랑스의 유명한 대중가요의 한 대목 -옮긴이) 이런 노래를 계속하려고 눈과 코와 귀를 틀어막아서는 안 되지 않을까요?

지구가 더워지고 있어요!

지구온난화

지난 100년 동안 지구 해수면의 높이가 10~25cm 정도 높아졌다. 지구 북반구에서 봄과 여름 때의 빙산이 1950년 이래로 약 10~15% 감소하고 있다. 전 세계 과학자들은 이런 사실들을 밝히면서 지구의 평균기온이 2010년까지 0.8℃~3.5℃ 올라가고, 해수면은 2100년까지 평균 50cm 이상 높아질 것이란 경고를 쏟아내고 있다. 이대로 가면, 2070년~2100년 즈음 한반도는 겨울이 없는 아열대 기후지역이 될 거라고 한국 기상청은 예측했다. 지표면이 점점 더워지는 이런 지구온난화 현상은 도대체 왜 생기는 걸까?

온실효과

빛은 받아들이고 열은 내보내지 않아 내부가 더워지는 비닐하우스와 같은 원리로 나타나는 게 온실효과이다. 지구가 태양으로부터 받은 에너지를 모두 우주로 다시 방출한다면 지표면의 온도는 −20℃가 되지만, 비닐막과 같은 역할을 하는 대기층이 그 에너지의 일부를 붙들어두어 평균 15℃가 유지되는 것이다. 그런데 인구의 증가와 산업화가 진행되면서 대기층에 온실가스(수증기, 이산화탄소, 메테인, 프레온가스 등)가 점점 많아지면서 우주로 다시 방출되어야 할 열에너지가 더 많이 대기층에 남아 있게 되었다.

환경 재앙

지구의 평균기온이 계속 올라가면 땅이나 바다가 품고 있던 각종 기체가 대기 중으로 더욱 많이 증발할 것이고, 덩달아 수증기를 비롯한 온실가스의 양도 증가할 것이다. 수증기량이 증가하면 평균 강수량도 증가할 것이고, 이는 지역에 따라 홍수와 가뭄을 불러오게 된다. 또한 바닷물의 온도가 높아지면서 생기는 기후 변화로 인해 태풍이나 허리케인 등이 더욱 강력해지면서 기후재난 영화들에서 보는 것과 같은 사태가 그저 가상의 얘기만은 아닐 수도 있게 된다.

3 오늘날의 인간

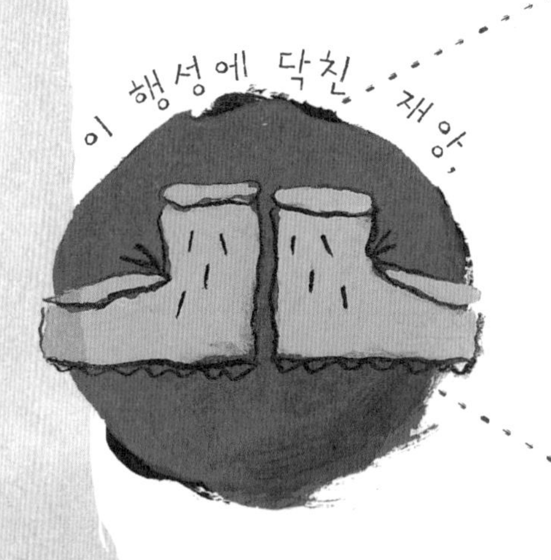

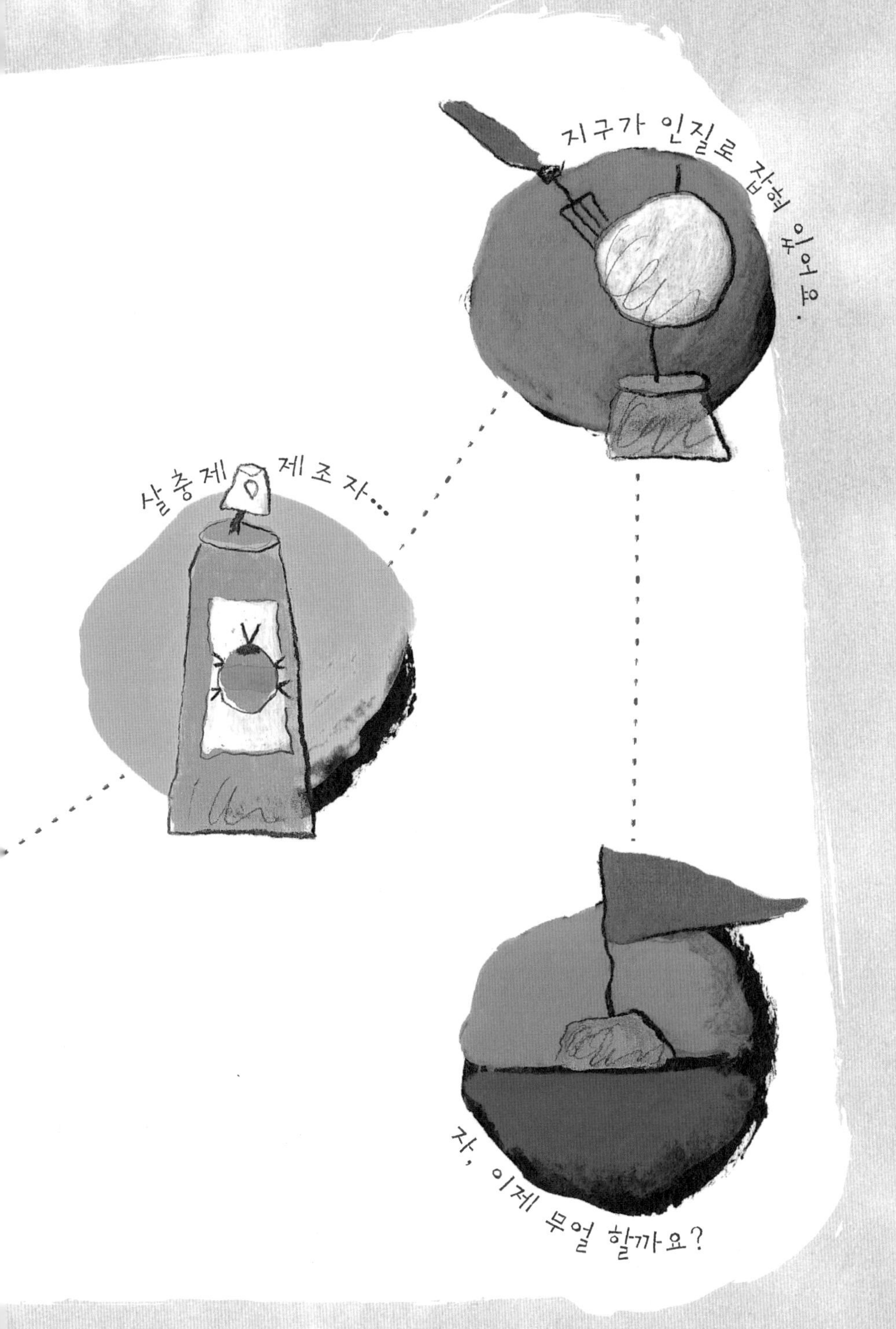
지구가 인질로 잡혀 있어요.
살충제 제조자…
자, 이제 무얼 할까요?

이상한 포식자

4만 년 전, 인류의 조상이라는 크로마뇽인은 어려운 조건에서 살았습니다. 크로마뇽인은 허기진 배를 채우기 위해서 사냥을 했지요. 세월이 흐르고 흘러 세상도 변하면서, 사람들은 이제 살기 위해서가 아니라 맛을 위해서 사냥을 하기 시작했습니다. 그리하여 지구에서 가장 무서운 포식자가 돼버렸지요. 자기 주변 환경을 파괴하는 데 그치지 않고, 조금씩 여러 동물종들을 말살했어요.

여러분은 이런 것이 자연의 법칙이라고 생각하나요? 언제나 가장 강한 자가 가장 약한 자를 희생시켜 살아남았던 걸까요? 글쎄요, 바로 당신의 귀염둥이 고양이가 내일 죽을 위험에 처할 수도 있다는 생각을 해보세요……. 고양이는 누군가가 던져준 먹이를 먹다 죽거나, 미친 사냥에 내몰려 있어요.

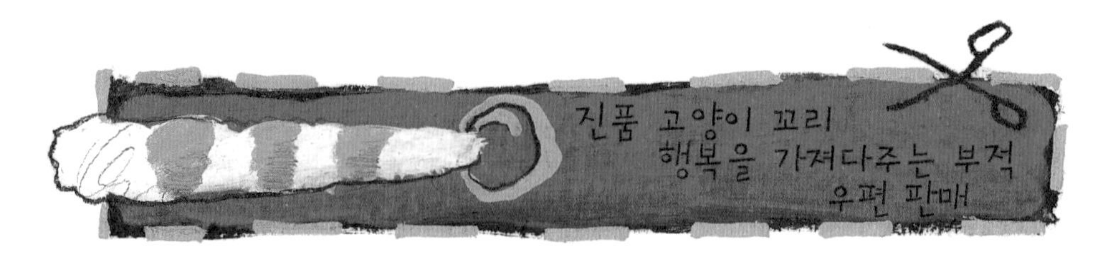

지명수배
발톱
수염
송곳니

송곳니가 행복을 가져다준다거나, 털이 훌륭한 외투가 되고, 고양이 수염을 빻은 가루가 코감기를 낫게 하기 때문이라나요! 고양이를 그림에서조차 본 적 없는 바보 몇몇이서 여론을 조성하고, 텔레비전과 신문에서 떠들어대는 걸 한번 생각해보세요. 그들은 고양이가 위험한 육식동물인데다 해를 끼치고 사람에게도 전염이 되는 병을 옮기니까 되도록 빨리 이 땅에서 몰아내야 한다는 법령을 만들려는 거예요. 제가 바라는 건 여러분들이 당연히 분노를 느끼고 의자에게 벌떡 일어나 여러분들의 그 알량한 선입견을 몰아내 버리는 거예요! 이제는 고양이 대학살을 멈추도록 할 결심이 섰나요?

학살 중지!

고양이 경우와는 반대로 나비나 무당벌레, 개구리, 물고기, 종달새들에 대해서는 흔히들 '설마 그것들이 멸종되겠어?'라고 생각하지요. 사람에게 이로운 갑충(甲蟲)류인 풍뎅이나 황금풍뎅이들도 밭에서 민달팽이들과 달팽이의 애벌레들을 착실하게 없애주고 있지만, 이들

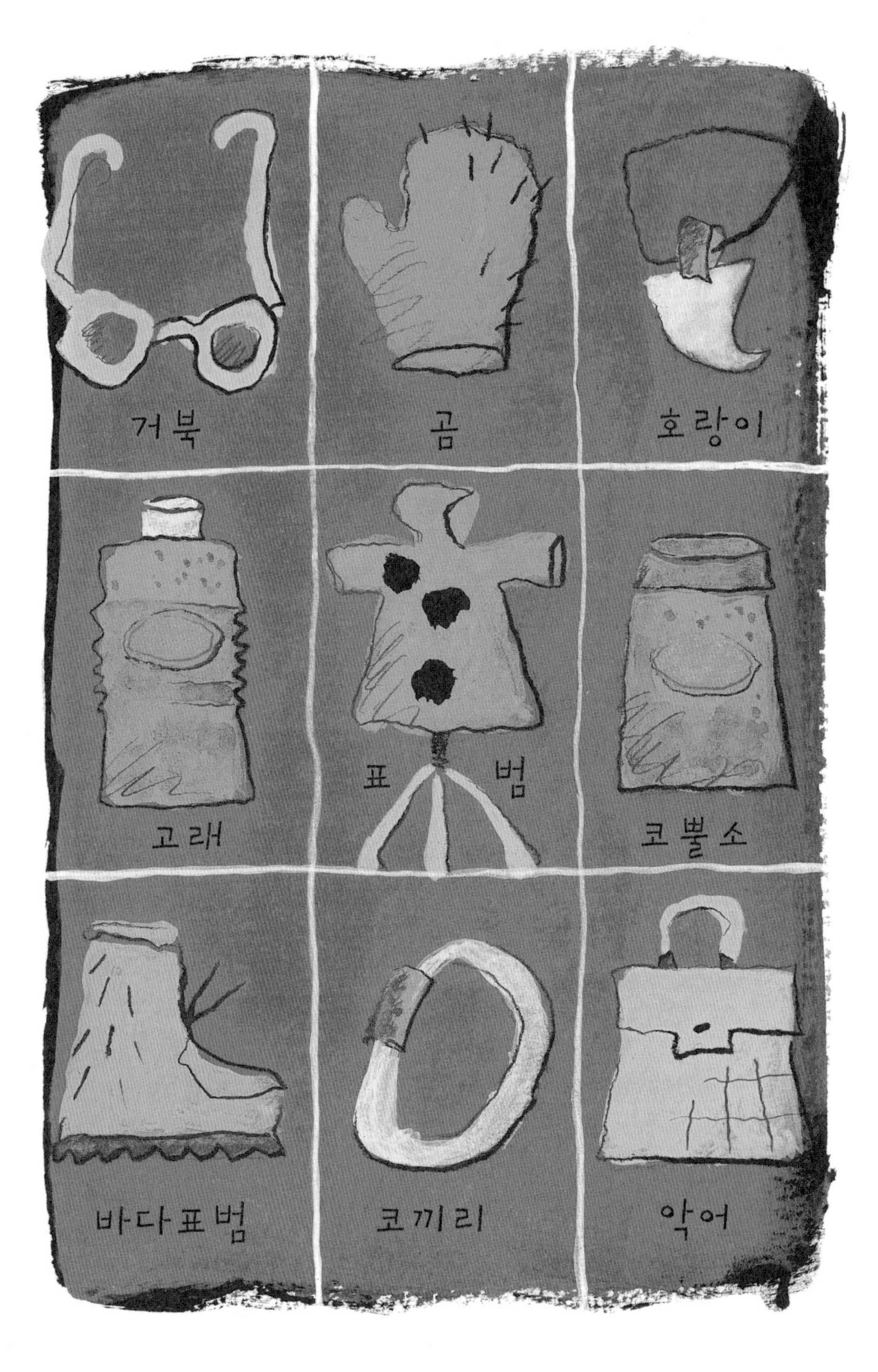
거북
곰
호랑이
고래
표 범
코뿔소
바다표범
코끼리
악어

도 농약이나 제초제를 견딜 재간은 없답니다.

사람들이 모피와 고기와 기름을 얻기 위해, 또는 미신 때문에, 혹은 오염으로 멸종된 생물종들이 얼마나 되는지 결산해본다면 정말 한심한 결과가 나올 겁니다.

다행히도 고래, 바다표범, 돌고래, 판다, 거북, 코끼리, 매, 독수리, 다람쥐 들은 조금 일찍 자기들을 보호해줄 수많은 친구들을 찾은 덕에 이제 보호가 잘 되고 있지요.

바보 같은 짓은 이제 그만!

그런 일들이 일어나고 있다니 믿어지지 않죠? 하지만 멸종과 같은 돌이킬 수 없는 일들이 저질러지지 않도록 하기 위해서는 포획을 금지시키고, 벌금을 물리고, 자연 보호 단체들의 엄격한 통제가 정말 필요합니다. 예를 들자면 1979년 4월 24일 프랑스에서는 장관의 명령으로, 번식기가 된 개구리들이 늪으로 갈 수 있도록 해주던 지하 생태통로를 막아버려 결국 고속도로 위로 지나갈 수밖에 없게 만든 한심한 일도 있었으니까요.

이에 비하면 새들은 더 운이 없는 편이라고 해야 할까요. 정부가 전신주를 현대화하기 위해 교체 작업을 시행했는데, 이것이 새들에게 끔찍한 함정이자 재앙이 되었으니 말입니다. 하지만 정부의 담당 부서는 이 견고한 철제 전신주를 매우 뿌듯해 하고 있었지요. 예전의 지저분하고 거추장스럽던 전신주들에 비해, 아주 깔끔하게 길 가장자리에 세워졌기 때문이죠. 그런데 문제는 전신주 꼭대기에 뚫려 있는 구멍을 막아 둬야 한다는 걸 사람들이 깜빡했던 겁니다. 그래서 이 구멍으로 날아든 새는 다시 빠져나올 수가 없었지요. 로아르 지방의 조류보호연맹이 훗날 전신주들이 옮겨지는 와중에 그런 사실을 발견하게 되었고요.

그 결과 제비·참새·박새·올빼미 등 이런 식으로 구멍에 빠져 죽은 35만 마리의 새들을 목격하게 되었지요. 정부 책임자는 조류 보호 단체들의 압력을 받아, 결국 자기 실수를 인정할 수밖에 없었어요. 그는 꼭대기가 뚫려 있는 모든 전신주 위에 덮개를 설치하도록 전국의 각 행정지부에 공문을 보내긴 했지요. 하지만 지시를 해도 실제로 실행이 되는 데는 시간이 걸리는 법입니다. 예를 들면 이세르 지방만 하더라도 4만 개의 철제 전신주를 뒤져 보았더니, 덮개로 막아놓은 것은 단 9714개뿐이었다고 보고되었거든요.

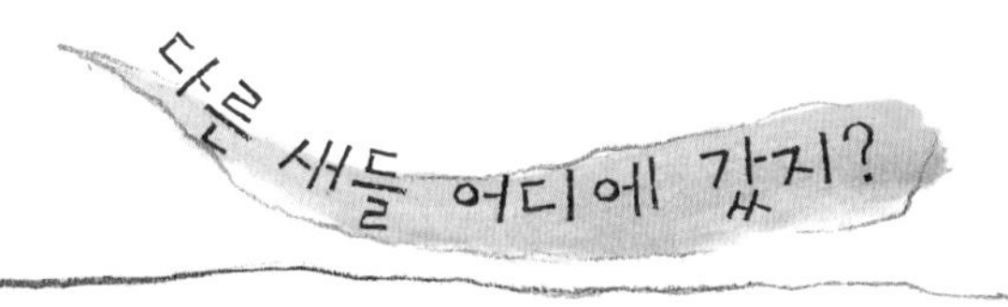

보호를 위한 사냥이라고?

역설적이지만, 알프스 산맥의 야생 염소들은 오로지 이탈리아의 빅토르 에마뉘엘 왕이 굉장히 사냥을 좋아했던 탓에 살아남을 수 있었습니다. 어느

날 왕은 사냥할 야생 염소들이 충분치 않다는 걸 알고는, 도대체 염소가 몇 마리나 남았는지 직접 세어 보라고 명령했어요. 자기가 사냥할 산악지대에 염소가 불과 백 마리도 남아 있지 않다는 사실에 맞닥뜨리자, 왕은 비로소 염소를 보호해야겠다고 결심합니다. 왕은 수렵보호구역

을 지정하고는, 관대하게도 열 마리 중에 한 마리 정도만 사냥할 수 있도록 결정했지요.

여러 해가 지난 뒤 이탈리아인들은 이 널따란 낙원을 국립공원으로 만들었고, 프랑스는 이 산의 반대쪽에다 '라 바노아즈 공원'을 만들었어요. 이것이 1963년의 일인데, 당시 프랑스의 산에는 야생 염소가 겨우 몇 십 마리밖에 남아 있지 않은 상태였지요. 1983년이 되어서야 겨우 백여 마리에 이르렀고요. 하마터면 야생 염

소들, 큰일 날 뻔했지요!

요즘 사람들, 참 많이 문명화된 것 같아요……. 이만하면 안심해도 되지 않겠어요? 그런데…… 불과 얼마전까지도 지구가 돌지 않는다고 한 게 누구였더라?

아니, 됐어,
나 별로 배 안 고파!

"인간의 건강은 지구의 건강을 비추는 거울이다." 2500년 전 그리스의 한 철학자가 한 말인데, 정말 그가 옳았을 수도 있어요!

혹시 기적이라도 일어나서, 여러분들이 햄버거와 감자튀김은 그만 먹고 푸른 야채를 먹겠다고 결심해서 시금치와 시금치에 함유된 철분을 맛있게 먹는 일이 생긴다고 해봅시다. 하지만 몇 년 전에 시금

치가 심각하고 위험하기까지 한 문제를 일으켰다는 점을 알아야 해요. 시금치를 통조림에 담았던 인부들이 겪은 일인데, 시금치 통조림에 폭발성이 있었다지요.

사실 농부들은 시금치가 더 빨리 더 푸르게 자라도록 해서 더 많이 수확하려고 헥타르당 950킬로그램의 질소비료를 땅에 뿌렸어요. 200킬로그램이면 충분했는데도 말이죠. 시금치에 이렇게 질소비료가 농축되다보니 나중에 정말 폭죽처럼 터져버렸던 겁니다. 통조림으로 만들 때 일련의 화학반응이 일어나서 쌓아두었던 시금치 통조림통들이 한꺼번에 폭발을 일으켜버린 거예요. 시금치 불꽃놀이보다야 7월 14일의 밤(프랑스의 혁명기념일에는 화려한 불꽃놀이가 펼쳐진다. -옮긴이)이 그래도 더 아름답지 않을까요?

이후로는 통조림 공장에서 대형 사고를 줄이려면 도착한 상품들을 엄밀히 골라내야 했답니다. 하지만 어떤 사람들이 하는 말을 들어보면, 통조림 공장에서 불합격된 시금치가 은밀히 가게의 선반에, 여러분들 부모님의 회사 식당에, 학교 식당에 들어오기도 한다는군요.

바게트 주세요

여러분들은 시금치를 잘 먹지 않으니까 이런 이야기를 들어도 시큰둥하지요? 하지만 빵은 매일 먹고 있지 않나요? 안됐네요, 시금치보다 나을 게 없는 상황이랍니다!

그러잖아도 1975년에 제분업자들과 제빵업자들은 화가 났어요. 밀가루의 질이 점점 더 떨어지고 있었거든요.

50년 전쯤에 사람들은 좋은 빵을 만들기 위해 좋은 밀을 골랐어요. 그 후에는요? 그 후에는 오로지 생산하고, 생산하고, 또 생산해야 했지요. 그래서 사람들은 여러 가지 밀 종자들을 새로 발명했어요. 한데 인공으로 만들어진 밀 종자는 생산성이 아주 뛰어나지만 밀가루로서는 아주 안 좋아요! 빵값은 싸졌어도 그건 먹을 만한 빵이 못 돼요! 의사들도 대량생산되는 흰 빵은 소화가 안 된다는 이유로 별로 권장하지 않아요. 빵의 맛과 색깔을 좋게 해서 먹음직스러워 보이게 만들려고 온갖 것을 가미하지만, 흰 빵은 여러분들에게 그저 약간의 단백질을 공급해줄 뿐이거든요. 비타민이나 몸에 좋은 미량의 영양소들이 들어 있지나 않을까 하는 기대는 아예 접는 편이 나을 겁니다. 그러니 주저하지 말고 빵가게를 바꾸세요! 아니면 좋은 품질의 밀가루를 가지고 직접 만들어서 드세요.

약간의 살충제!

내가 여러분에게 핑크빛 살충제 구름이 아침부터 가득 차는 보스 지방의 한 농가 마당에 도착한 판매원의 이야기를 해드리면, 여러분은 바로 거실 벽난로에 빵 굽는 오븐을 만들거나 여의치 않으면 주방에서 직

접 빵을 만들자고 가족들을 들볶을 겁니다! 이 핑크빛 구름은 밀에 있을 수 있는 모든 종류의 작은 벌레들을 깡그리 죽이려고 사용하는 거예요.

이 살충제 분무 작업은 밀을 밀가루 공장으로 보내기 직전에 이루어져요! 판매원은 좀 놀랐지요. 그래서 "이 밀이 식탁에 오르는 건 아니죠?" 하고 묻자, 주인은 난처해 하며 "먹는 건데요" 하고 대답했답니다. 글쎄. 밀가루에는 아마 벌레들이 하나도 없을 거예요. 대신 여러분이 먹는 빵에는 그저 약간의 살충제가 들어가는 것일 뿐……. 물론 지금까지 살충제가 비타민을 대신했던 적은 결코 없지요!

아, 맛있다!

오늘날에는 우리 먹을거리에
다 맛을 내려고 거리낌 없이 색소·방부제·첨
가물들을 넣어 대량 생산되는 공업 식품들

이거 물감 같아.

아이스크림

이 사악하기 그지없는 커다란 늑대(빨간 모자 소녀를 잡아먹는 늑대 이야기에서 가져온 비유 -옮긴이)가 되었어요. 딸기 없는 딸기아이스크림 정도는 그래도 괜찮아요. 하지만 더 교활한 사람들은 크루아상 가게들, 달콤한 브리오슈 빵가게들, 비엔나풍의 제과점들에서 여러분들의 코를 자극해 빵을 덥석 베어 물게 하려고 인공적으로 갓 구운 빵 냄새가 나도록 할 굉장한 생각까지 했다지요.

슈퍼마켓에서도 교활한 사람들은 은은히 깔리는 음악을 틀어놓고서 토마토는 보다 탱글탱글하게, 생선 눈알은 보다 싱싱하게 보이게 하려고 특별히 계산된 조명을 사용하지요. 여러분들 보기 좋으라고 그렇게 하기도 하지만, 무엇보다도

여러분들의 부모님들을 위해서죠. 흠이 난 아주 작은 사과, 1킬로그램이 넘는 닭, 살진 구운 돼지고지나 자잘한 상추를 사는 것이야 괜찮지요. 하지만 여러분들의 까다로운 입맛에 맞추려고 식품회사들(먹을거리를 공업적으로 대량 생산하는 회사들)은 머리를 쥐어짜고, 실험실에서 시험관을 한 번이라도 더 흔들어 보거든요. 식품회사들은 아주 노랗고 규격에 맞는 예쁜 골덴 사과를 얻으려고, 다른 종들과 유전자 조작을 한 뒤 비닐하우스에서 새로운 종의 사과를 만들어 냈어요. 이렇게 만들어진 '달콤하기만 한' 사과는 맛도 없고 물만 많죠. 노르망디의 사과나무(프랑스에선 노르망디 지방에서 생산되는 사과가 제일 유명하다. -옮긴이)에 댈 게 아니에요. 25평방미터

짜리 사육장에서 키워진 닭들은 소비자 입장에서 적당한 몸무게가 넘으면 안 되기 때문에 8주 만에 도살됩니다. 닭은 푸른 하늘 한 조각도 못 보고 작은 밀 씨앗 하나 쪼아 보지 못하는 거죠. 하지만 닭들은 이런 사육 조건 때문에 생기는 스트레스를 줄이려고 약이 들어간 곡물가루를 억지로 먹게 되지요. 돼지는 적당히 마른 상태일 때가 상품성이 좋아서 8개월이 되면 도살합니다. 그동안은 몸집에 비해 그야말로 새 모이만큼만 먹으면서 이른바 다이어트를 하게 되지요. 진흙탕에서 즐겁게 뒹굴던 핑크색 돼지들, 커다란 늑대도 두려워하지 않던 그 작고 예쁜 아기 돼지들은 다 어디로 가버린 걸까요?

문제는 우리들 소비자가 너무 변덕스럽다는 거예요. 식품업자들은 우리들의 이런 변덕을 이용하는 것이고요. 그 사람들은 우리 식탁에 오르는 음식의 맛이나 질을 높여 볼 생각은 안 하고, '다른 음식을 한번 먹어 볼까?' 하는 욕구만 자극해대고 있어요. 오늘날 제일 위험한 일이 있다면 음식물에 GMO(유전자 변형 물질)가 들어가 있다는 점이죠. 변형된 유전자 때문에 미처 예상하지 못한

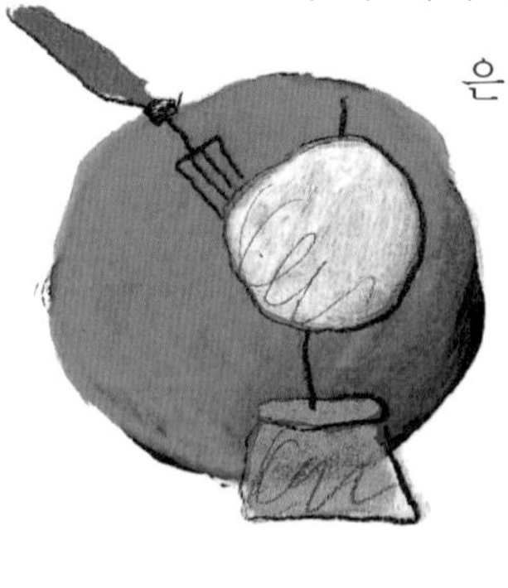

독소가 생겨 우리 건강을 위협할지 누가 알겠어요?

"우리에겐 하나밖에 없는 지구!"

지구가 인질로 잡혀 있다는 소식을 듣는다면 여러분은 어떻게 하실 건가요? 특종이 없어 고민하던 신문기자들이 만들어낸 헛소문이라고 생각하겠지요? 공상과학 영화가 아니라면 아무도 행성 전체를 인질로 잡을 수는 없죠. 하지만 우리는 실제로 그렇게 했어요. 우리 모두는 지구와 지구에 사는 많은 사람들을 인질로 잡았어요. 진보의 혜택이 모든 사람에게 골고루 주어지지 않아서죠. 물론 우리는 우주왕복선이 오가고 인터넷으로 통하는 시대를 살고 있지요. 그럼에도 이 세상 어디선가는 영양실조나 굶주림으로 1분마다 일곱 명이 죽어가고 있어요. 기술적인 진보에만 신경을 쓴 나머지, 사람들이 비슷한 형편으로 살아가지 못하고 있다는 점을 잊어버리고 말았죠.

하지만 "우리에겐 하나뿐인 지구!" 1972년, 유엔에서 처음으로 인간환경회의가 개최되었을 때 스톡홀름에 모였던 수

많은 젊은이들이 그렇게 외쳤답니다.

스톡홀름 회담에 참가했던 사람들은 지구가 어떤 위험을 겪고 있는지 잘 알고 있었고, 전세계의 과학자들도 걱정이 되어 지구가 처한 위험을 알렸어요. 그래서 회담의 참가자들은 모든 종류의 오염에 반대하고 자연을 보호하는 데 찬성하는 행동 계획을 비롯하여, 개발도상국들을 돕기 위한 기술과 재정 원조를 처음으로 제안하게 되었지요. 이렇게 하여 비로소 생태학이 생기기 시작한 거예요.

생태학은 '모든 것은 서로 연결되어 있다'는 원칙에 뿌리를 두고, 생명체와 그들이 사는 환경 사이에 무슨 일이 일어나는지를 연구하지요. 그런데 어떻게 연결이 된다는 걸까요? 자, 한번 생각해 보세요. 땅이 오염되면 물도 오염돼요. 물이 오염되면 식물들도 오염되고, 식물을 먹는 동물들과 동물을 먹는 사람들도 오염되고요. 생태학자들이 지키고자 하는 것은 바로 이런 지구의 자연적 균형이에요. 그들이 우리에게 일깨워주는 것은, 설사 지구가 어떤 영향을 빨리 받지는 않는다고 해서 우리가 하고 싶은 대로 다 해서는 안 된다는 것이지요.

모두를 무한정 만족시킬 수 있는 것은 없어요……

그 결과가 어떻게 될지 금세 알 수 있는 게 아니거든요. 그랬을 때 비로소 우리는 크로마뇽인들만큼 다시 현명해질 수 있는 것 아닐까요? '지구호 사람들' 역시 멸종의 길을 걷게 되기를 바라지 않는다면 말이에요.

'생태' 운동

생태주의자들은 핵실험, 방사능이나 산업폐기물, 화학 오염, 고래사냥, 모피, 농약에 대한 말을 들을 때마다 흥분하죠. 생태주의자들은 어떤 지역, 어떤 동물, 어떤 민족이 위협을 받을 때마다 서로 모입니다. 자신들의 문화가 파괴되는 데 맞서 싸웠던 아메리카 인디언들과, 가차 없이 천연자원 등을 착취당했던 제3세계의 국가들을 이들이 도왔지요.

1971년, 용기 있는 몇몇 캐나다인들이 소형 보트 몇 척에 나눠 타고 멸종 위기에 처한 고래들과 이 고래를 사냥하는 대형 포경선들 사이에 끼어들었어요. 이 소식이 모든 신문의 1면을 장식했지요. 그래서 전세계 사람들 거의 모두가 이 불행한 고래의 편을 들게 되었어요! 가장 잘 알려진 생태주의 운동단체들 가운데 하나인 그린피스가 이렇게 활동을 개시했지요. 곧 많은 나라에서 이 단체에 가입하겠다는 사람들이 생겨났어요. 생태주의자들이 무슨 주장을 하는지 알리는 문구가 들어간 티셔츠, 포스터, 출판물, 스티커도 배포되었고요. 다양한 설명회 덕분에 많은 사람들이 깨닫게 되었지요. 해서는 안 되는 일이 있고, 받아들일 수 없는 일도 있다고 말이에요. 바로 이런 목적으로 그린피스는 허연 배를 드러내고 물에 뜬 채 죽어 있는 어미고래와 새끼고래를 그린 포스터를 배포했던 거예요. 이 포스터에는 다른 설명은 일절 없이 다음과 같은 글귀만 적혀 있었습니다.

"최후의 나무가 베어지고, 최후의 강물이 오염되고, 최후의 물고기가 죽으면, 그때 인간은 돈을 먹을 수는 없다는 걸 알게 될 것이다."

지구 생태를 지키기 위한 노력들

생태통로

도로나 댐 등이 건설되면 야생동물의 서식지 자체가 훼손되거나, 서식지가 나뉘는 바람에 동물들의 먹이 구하는 활동이 그만큼 어려워지게 된다. 그래서 야생동물의 자유로운 이동을 돕기 위해 인공적으로 설치하게 된 구조물이 생태통로다. 본래의 서식지가 좁아지게 되면 동물들은 근친교배로 인해 종다양성이 줄어들게 되는데, 생태통로는 이를 예방하는 효과도 얻을 수 있다. 또한 천적이나 대형 풍수해에서 보호받는 피난처가 되어주기도 한다.

생태통로의 유형에는 선형·육교형·터널형 등이 있다. 선형 통로는 도로·철도 또는 하천변 등을 따라 나무 및 풀을 심어 조성하는 통로이다. 육교형은 야생동물이 건너야 하는 범위가 넓거나 땅이 아예 끊겼거나 장애물이 많은 경우에, 터널형은 사람들이 자주 다니는 지역이어서 육상통로를 내기가 어려울 경우에 만들어진다. 물론 가장 중요한 것은 이 통로를 이용할 야생동물의 습성에 맞춰서 통로의 형태가 결정되어야 한다는 것이다. 한국은 네덜란드, 프랑스, 미국에 이어 세계에서 네번째로 생태통로가 많은 나라이다. 그러나 그 일부는 동물의 이동 특성 등을 고려하지 않은 채 만들어져 제 구실을 못하는 경우도 많다고 한다.

스톡홀름 선언

1972년 6월 5일 '하나뿐인 지구(only, one earth)'를 주제로 열린 유엔 인간환경회의는, 스웨덴의 제안에 따라 모두 113개 국가와 13개 국제기구가 모여 환경적 위협에 맞선 전세계적 협력을 약속하는 자리였다. 여기서 '인간환경선언'(스톡홀름 선언)이 채택되었던 걸 기념하여 매년 6월 5일은 '환경의 날'로 제정되었다.

스톡홀름 선언은 지구환경이 인류의 복지·인권·생존권에 절대적으로 필요한 것이며, 이를 보호하고 개선하는 것이야말로 인류의 지상목표인 동시에 모든 정부의 의무라는 점을 명시하고 있다. 법적 구속력까지는 없지만, 환경문제를 해결하기 위한 행동지침으로서의 성격을 갖는다.

그린피스

멸종 위기에 있는 동물을 보호하고, 환경 훼손을 막으며, 환경을 더럽히는 기업이나 정부당국과 직접 맞섬으로써 환경에 대한 경각심을 높이는 데 힘쓰는 국제적인 환경보호 단체이다. 1971년 캐나다 밴쿠버 항구에서 불과 12명의 환경보호운동가들이 모여 출범한 이 단체는, 미국 알래스카주의 암치카 섬에서 이뤄지는 핵실험에 반대하기 위해 소형 어선을 타고 가면서 돛에다 '녹색의 지구'와 '평화'를 결합한 Greenpeace를 적었던 것이 단체의 이름으로 굳어졌다고 한다.
그린피스는 직접적이고 비폭력적인 행위를 목표에 이르는 주요한 수단으로 삼는다. 포경선과 고래 사이를 작은 배로 오가며 작살총 쏘는 걸 방해한다든가, 바다나 대기 중으로 유독성 물질을 쏟아내는 파이프들을 직접 막아버리는 것과 같은 과감한 행동을 벌인다. 이런 다소 위험하고도 극적인 행위들로 일부러 대중매체의 주목을 끌어서 환경파괴에 대한 반대여론을 조성해내는 방식을 취하는 것이다.
2008년 현재 41개국에 지부를 두고 있으며, 지지자들의 후원금으로 운영된다. 본부는 네덜란드 암스테르담에 있다. 한국에는 지부가 설립되어 있지 않지만, 1994년 4월 그린피스 환경조사팀이 한국의 자연보호 실태를 알아보기 위해 그린피스호를 타고 방문한 바 있다.

4 세계의 시민들

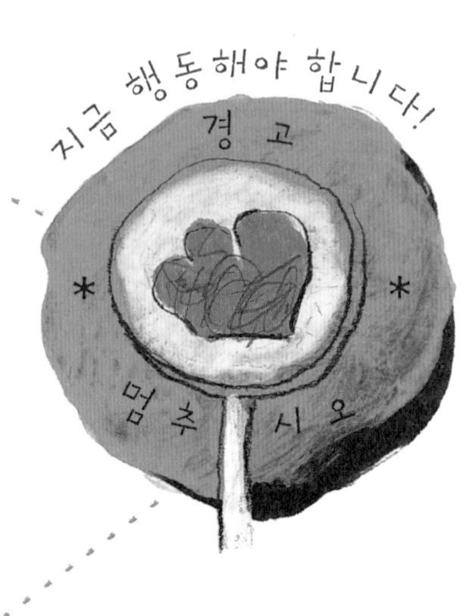

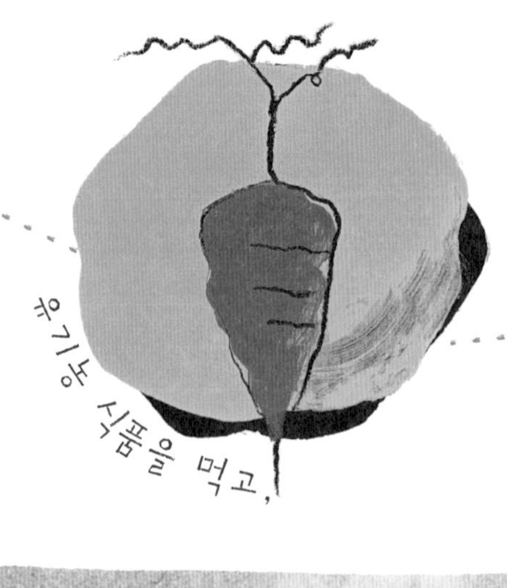

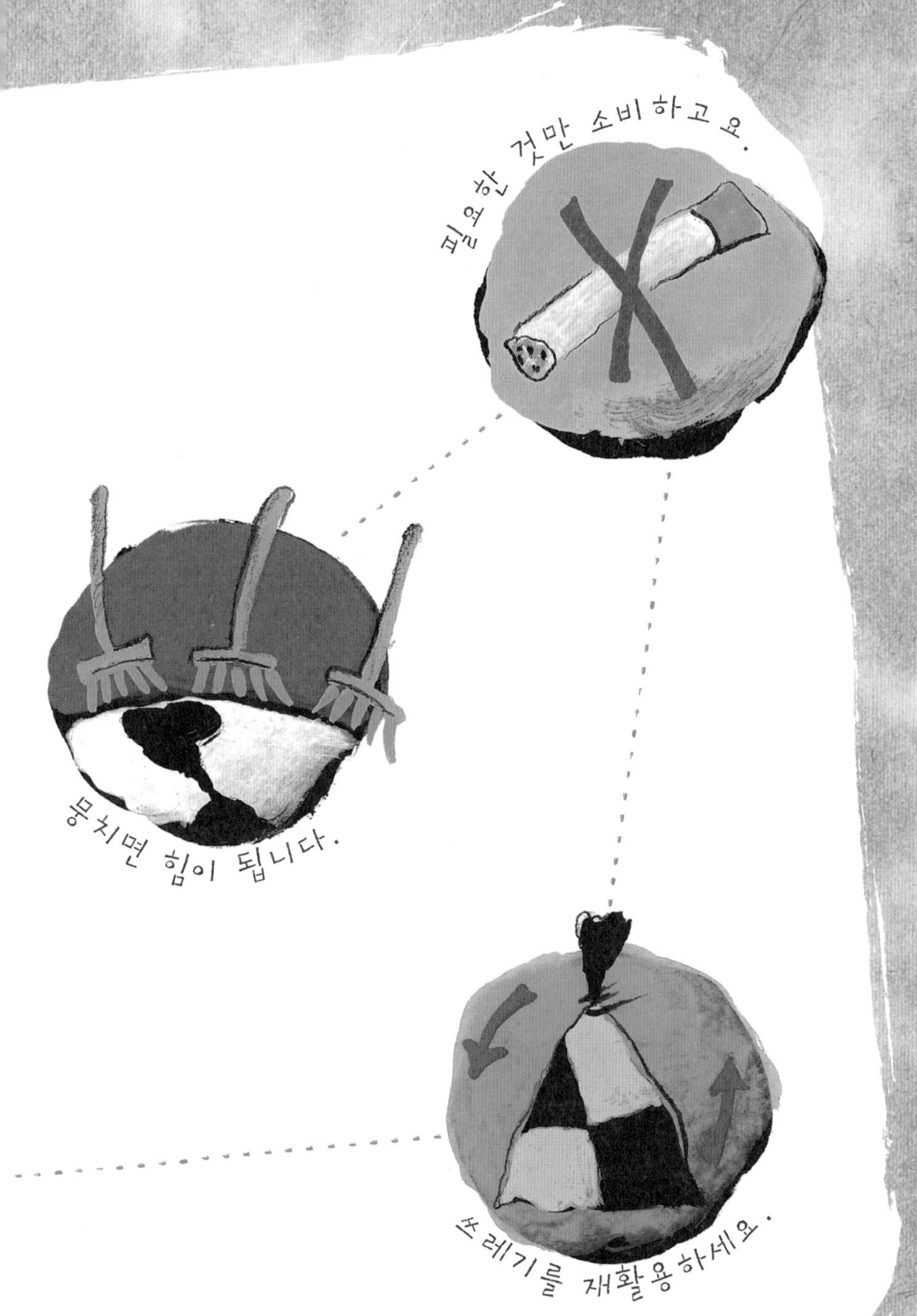
필요한 것만 소비하고요.
뭉치면 힘이 됩니다.
쓰레기를 재활용하세요.

지구를 위해 투표합시다!

여러분이 그 멋진 생각을 지지한다고 해도, 시청이나 시의회, 국회 또는 정부에 그런 뜻을 알리지 않으면 불행히도 여러분에게는 말할 기회조차도 없고 행동에 나설 길도 없어요.

그런 반면, 다양한 생태주의 정당의 회원들이 선거에서 당

선되면 그런 멋진 생각이 결실을 맺는 데 좀 더 실질적인 영향력을 가질 수 있습니다. 프랑스의 주요한 생태주의 정당으로는 1984년에 창당된 '녹색당(Verts)', 1990년에 만들어진 '생태주의세대(GE)', 1994년에 탄생한 '생태주의연대연합(CES)'이라는 작은 정당들이 있습니다. 1992년의 지방선거에서 생태주의자들은 전체 의석 가운데 거의 15퍼센트를 얻었지요. 1997년에 임명된 환경부 장관은 생태주의 정당 출신이었답니다.

'생태주의' 법안들

산업폐기물과 자동차 때문에 생기는 오염에 대한 법안과 공공장소에서의 흡연을 금지하는 법안, 또는 멸종 위기에 처한 동물들을 보호하는 법안이 표결에 부쳐졌습니다. 이 법안들은 또 가축을 사육하고 운송하는 데 필요한 조건들도 정해놓고 있지요.

자연 보호 단체들이 압력을 가해서 보다 더 통제할 수 있게 되었고, 법을 위반하면 엄중한 처벌도 받게 되었지요. 벌금만 내고 끝날 수도 있지만, 사업 면허가 아예 취소될 수도 있

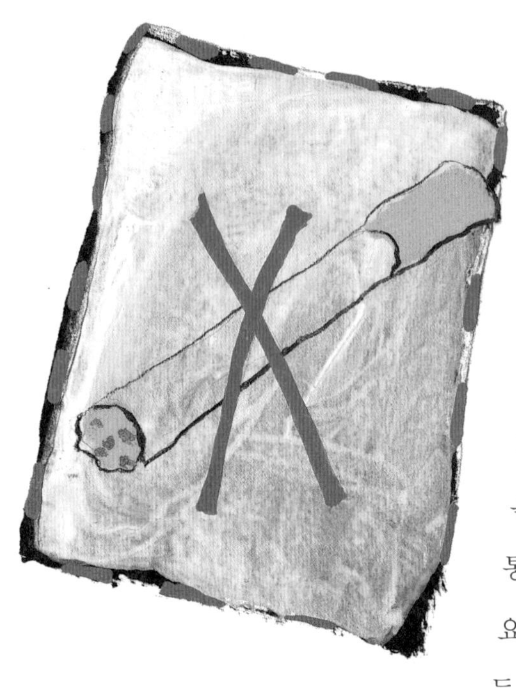

게끔 되었지요.

보쥬 지방에 가서 기분 좋게 산책하다가 노란 수선화나 아르니카(알프스 고원 등지에 사는 국화과의 꽃 -옮긴이)를 꺾거나 뽑았다면, 여러분들은 벌금 40유로를 내라는 통지서를 받을 수도 있어요. 이 두 꽃은 보호종이거든요.

또 유통기한이 지난 감기약이나 게임기·워크맨의 건전지를 아무 데나 버리면 안 돼요. 물론 콜라 캔이나 껌 종이를 아무 데나 버린다고 프랑스 법에 걸리지는 않지만(싱가포르에서는 이를 벌금형으로 엄격하게 다스리지요), 그거야 당연히 휴지통에 버리는 것이 제일 좋지요!

행동해야 한다!

인공딸기향료가 들어간 아이스크림보다는 진짜 딸기를 넣은 아이스크림이 더 좋은 것이라는 데 여러분이 동의한다면 정말 다행이에요! 혀에 있는 돌기들이 맛을 제대로 느낀다면 여러분들은 이제 가짜 아이스크림과 진짜 아이스크림의 차이를 구별할 수 있을 거예요. 지구가 처해 있는 상황도 이와 비슷하다고 할 수 있지요. 우리가 물, 땅, 공기, 숲, 농사짓는 방식과 같은 문제에 신경을 쓰지 않고 바보 같은 짓을 계속한다면 돌이킬 수 없는 일이 벌어지게 된다는 걸 알아야 합니다.

쥘리앙은 행동에 나서기로 결심했습니다. 맛없는 토마토, 비료와 농약이 가득한 감자, 폭발하는 시금치 통조림을 먹는 일에 질려서일까요. 어느 화창한 날, 쥘리앙은 유기농 작물 재배에 투신하기로 단단히 마음을 먹었습니다. 아버지도 농부였기에, 쥘리앙은 대규모 경작에서 이용되던 몇 가지 농사법을 재검토해 볼 수 있었지요. 무엇보다도 척박하고 메마른 땅이라면 뭘 바라고 수백 헥타르씩이나 경작하고 싶겠어요? 양

보다는 질이 높은 농산물을 생산하고 싶었던 거지요.

그리하여 쥘리앙은 노르망디에 있는 한 마을에 정착했습니다. 화학비료도 쓰지 않고, 어떤 가공처리도 하지 않은 당근·토마토·강낭콩·양파·셀러리 같은 채소를 재배하려고요.

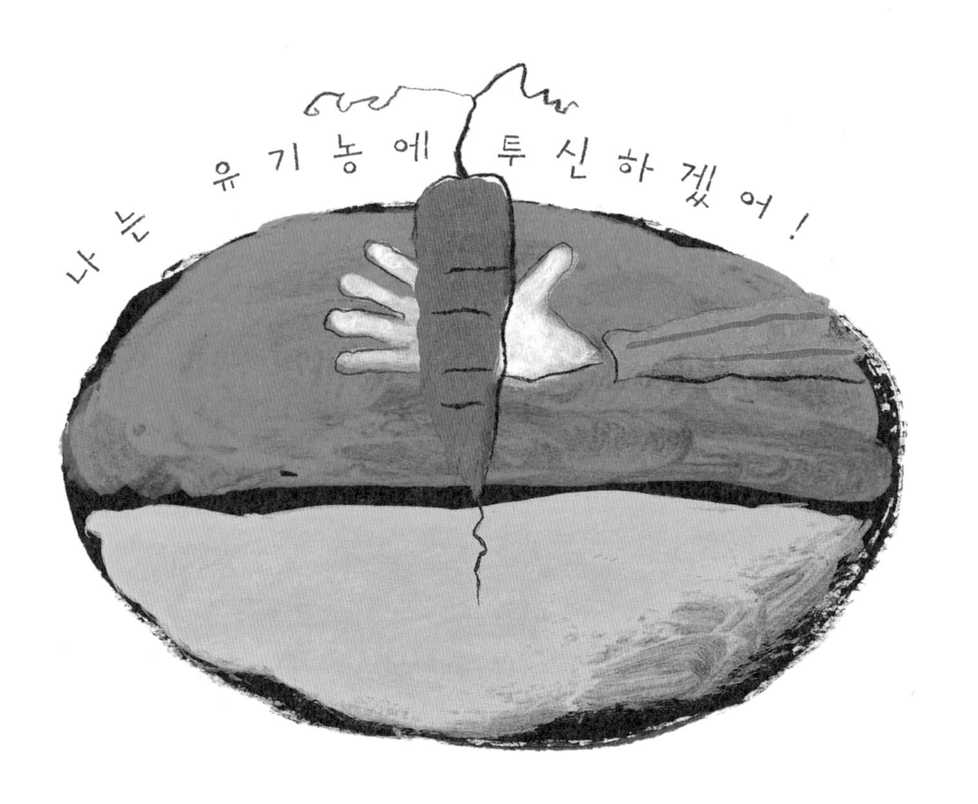

‘유기농’이라는 대안

15년 전에는 모두들 쥘리앙을 ‘유쾌한 괴짜’쯤으로 여겼지요. 그는 혼자서 전통적인 방법으로 비료를 준비했는데, 그가 비료를 어떻게 만들었는지 한번 볼까요? 소의 말린 피를 넣고, 버려진 사슴의 위장이나 암소

의 뿔을 빻아 넣었어요. 또 지렁이도 잊지 않았죠. 지렁이들은 땅속을 갈아엎고 다녀서 공기가 잘 통하게 해주지요. 더불어 쥘리앙은 사계절의 자연스런 순환에도 그대로 따랐어요. 겨울 채소는 겨울에 길렀고, 토마토·오이·셀러리 같은 여름 채소들은 여름에 길렀지요. 그는 또 달이 차고 기우는 것에 따라 움직였어요. 그래서 언제나 초승달일 때 씨를 뿌리거나 모종을 내었지요. 이 일로 그는 농민들의 웃음거리가 되고 말았습니다. 하지만 그는 중세 시대 우리 선조들이 전통적으로 농사 짓던 방식을 따라했

을 뿐이에요. 우리 선조들은 자연에 존재하는 식물과 광물과 천체 운행의 힘을 존중했거든요.

이제 매주 토요일이면, 쥘리앙은 근처의 시장에서 자기가 가꾼 채소들을 내다팝니다. 슈퍼마켓에서 비닐봉지에 담아 파는 채소들보다 월등하게 맛도 좋고 신선한 그의 채소들을 사기 위해 손님들이 줄을 선대요. 분명히 쥘리앙의 채소들이 좀 더 비싸기는 하지요. 하지만 그의 채소에 들어 있는 비타민은 완전 비교불가죠.

쥘리앙은 진열대 위에 플래카드를 걸어 놓고 있는데, 그걸 보면 그가 '자연과 진보연합'의 회원이라는 것을 알 수 있어

요. 이 조직은 스스로 정한 헌장(憲章)을 지키는 데 매우 엄격하기 때문에, 이 플래카드가 걸려 있으면 그 농민 회원은 규정된 경작 방식에 따라 질 좋은 농산물을 생산하기로 약속했다는 보증이 됩니다.

한편 줠리앙은 윤작(輪作)이라고 불리는 방법도 쓰고 있어요. 언제나 같은 땅에 같은 채소를 경작하는 게 아니라, 땅도 때로 쉬게끔 내버려두는 것이죠. 게다가 기생충을 없애기 위해 여러 채소들을 섞어서 심기도 해요. 파를 당근과 함께 심으면 파 냄새가 당근에 기생하는 벌레를 쫓아내주고, 파 고랑에 당근을 심으면 나비를 불러들이는 파 벌레를 쫓아낼 수 있거든요. 간단하지만 정말 효과적인 방법이죠!

초록빛살

'초록빛살'은 외계 생명체가 쏘는 신호도 아니고, 새로 생긴 자전거 클럽의 이름도 아니에요! 여러분들이 슈퍼마켓에서 쉽게 찾을 수 있는 유기농 제품의 상표를 뜻하죠. 지금 줠리앙은 프랑스 전역에 상품을 공급

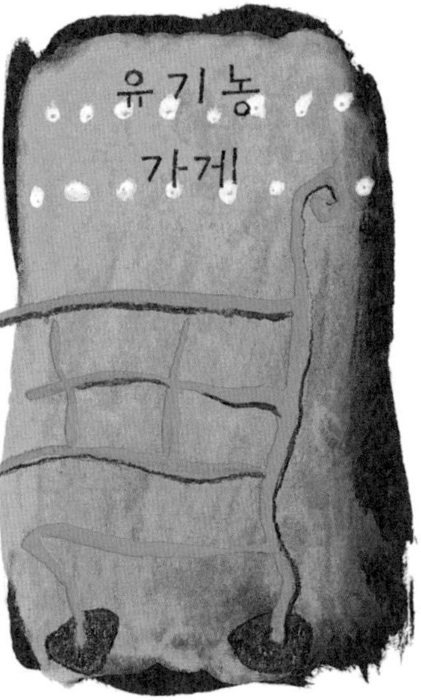

하는 대형 유통체인과 경쟁하고 있어요! 거기엔 표백제를 넣어 재활용된 화장지나 키친타월 같은 종이에서부터 살충제와 과일·채소·유제품 같은 유기농 먹을거리까지 전부 다 있어요.

대형 식품유통업자들이 얼마나 교활하냐면, 고객들이 생태주의에 관심을 갖고 점점 더 질 좋은 제품을 선택하자 이들이 곧 꽤 돈이 되는 소비자층이 될 거란 점을 금방 알아챘다니까요. 그래서 자연 그대로 만들어졌다느니 전통 방식으로 만들었다느니 하는, 이른바 '녹색 상품'들이 갑자기 많아진 겁니다. 그러니 한 번쯤은 고향의 질 좋은 식품들을 생각나게 만드는 제품 목록을 작성해 보는 것도 좋겠지요. 물론 '얼간이나 속이는 유기농' 상품들의 함정에 빠져서는 안 되고요. 그런 상품들은 몇몇 요구르트들이 그런 것처럼 유기농 상품이 아닌데도 '유기농'이라는 표식을 달고 있거든요. 그런데도 소비자들은 건강에 좋은 음식을 먹는다고 생각하겠지요?

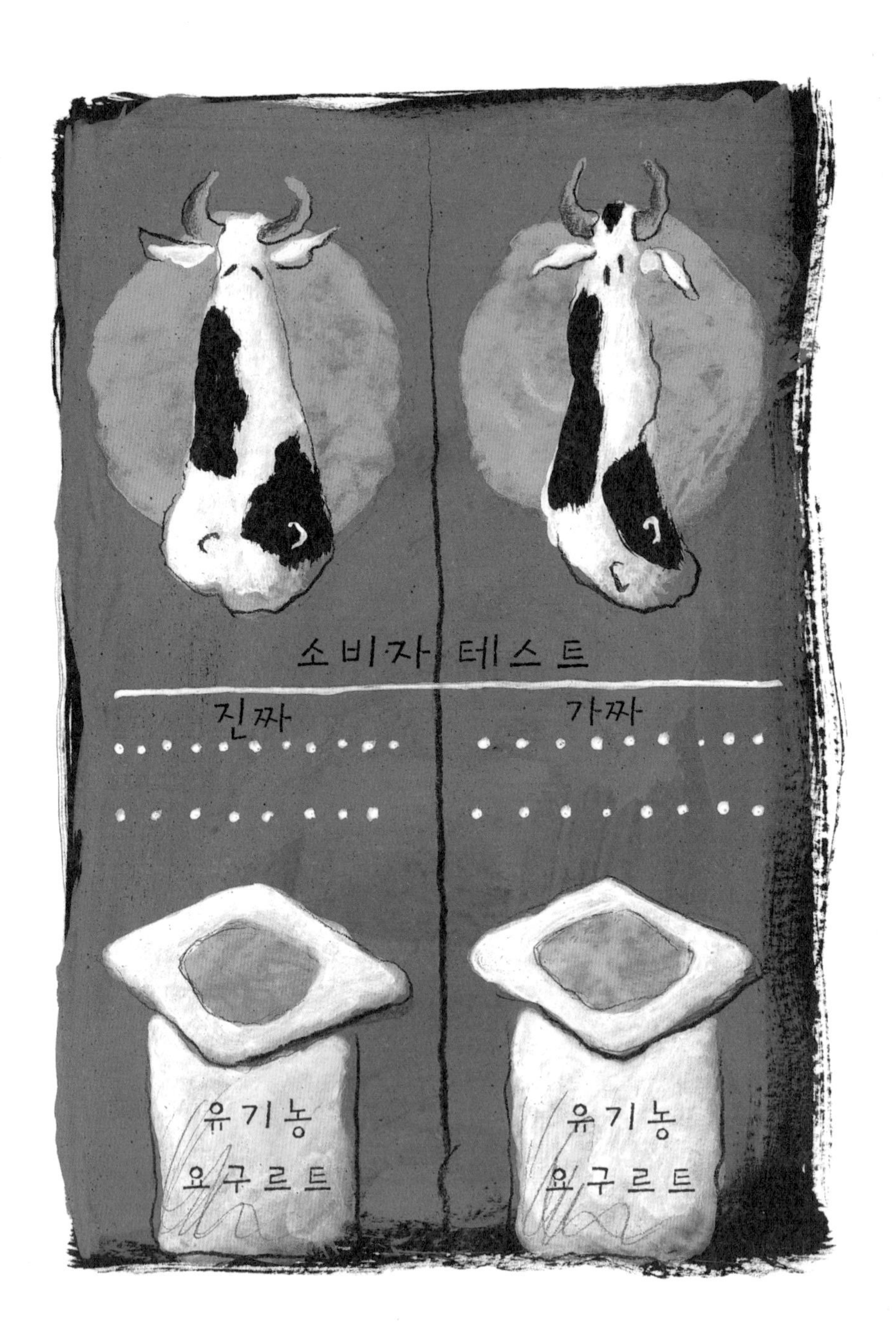
소비자 테스트
진짜
가짜
유기농
요구르트
유기농
요구르트

쓰레기로 무얼 하지?

수학책 8번 연습문제까지 풀었을 때 여러분의 휴지통을 한번 상상해 보세요. 대개 휴지통엔 휘갈겨 쓴 종이들과 탈레스나 피타고라스 욕을 잔뜩 적은 종이들로 가득 차죠? 이 수학자들이 만든 공식은 정말이지 일본어로 쓰인 비디오 게임 규칙보다 더 해석하기가 어렵다니까요! 이쯤에서 여러분이 만들어낸 쓰레기만 보더라도 쓰레기 문제가 정말 심각하겠구나 하는 생각을 해볼 수 있을 겁니다. 여러분의 휴지통에 있는 쓰레기뿐만 아니라, 공업과 농업에서 만들어지는 쓰레기도 말입니다!

쓰레기라는 게 뭘까요? 쓰레기란 버려야 할 것들이죠! 그래요. 그런데 어떻게 버려야 하죠? 일이 복잡해지는 지점이 바로 이 부분이에요! 프랑스에선 한 사람당 1년에 130킬로그램의 쓰레기 꾸러미를 버리는데, 이걸 비닐봉지 개수로 바꿔 보면 4000장에 이르죠. 자, 그렇다면 다시 말해 보지요. 쓰레기를 어떻게 버려야 할까요?

예전 시골이었다면 사과껍질과 먹고 남은 속은 돼지들의

맛있는 먹이가 되었으니 문제없었죠. 다른 잡다한 쓰레기야 벽난로에서 태우면 됐고, 재는 부식토로 사용되었고, 빈 통조림 깡통 같은 것들이야 넝마주이한테 넘어갔지요. 그러나 오늘날 쓰레기 속에는 그냥 야채 찌꺼기만 있는 게 아니지요. 불에 타지 않거나 폭발성이 있거나 방사능이 유출될 수도 있는 위험천만한 쓰레기도 있죠. 어떤 쓰

레기는 물에 쉽게 녹아서 수질 오염의 원인이 되고요. 그러니 하루빨리 행동에 나서서 해결책을 찾아야만 합니다. 그렇지 않으면 푸른 지구가 쓰레기 행성이 될 테니 말입니다!

확실해요!

해답은 바로 이거예요! 쓰레기를 회수하고 선별해서, 어떤 건 재사용하고, 또 어떤 건 재활용하는 것이죠. 흰 종이 1톤을 만들기 위해서는 16그루의 큰 나무를 베어야 합니다. 그러나 재생용지 1톤을 만드는 데는 한 그루의 나무도 벨 필요가 없어요! 우리는 누워서 떡 먹듯이 종이를 내버려서 휴지통을 가득 채워버리곤 하지만, 요즘엔 많은 도시와 마을에서 재활용하기 위해 종이를 수거합니다. 종이박스도 마찬가지죠. 유리병, 건전지, 병마개, 캔, 플라스틱 통, 낡은 옷들도 재사용되고 있어요.

여러분이 타고 다니던 작은 오토바이의 낡은 타이어, 알지요? 왜 여러분들이 몰고 다니면서 도시 곳곳에서 소음을 일으키던 그 오토바이 타이어 말예요. 그 타이어가 거꾸로 소음방지용으로 회수되어 재활용될 수 있다는 건 몰랐죠? 어떻게 하느냐고요? 타이어를 분쇄하여 방음재를 만드는 주요 재료로 쓰거든요. 놀랍지 않나요? 이처럼 아무것도 버릴 게 없고, 모든 것이 다 제 모습을 바꿀 수 있답니다! 자, 이제 기술

종이
쓰레기
재활용
재활용

의 진보가 위험한 게 아니라 우리가 그 기술을 사용하는 방식에 위험이 있다는 걸 알겠지요? 암, 그래야지요. 그러나 한편에서는 여전히 유독성 쓰레기나 방사성폐기물 따위를 남의 나라에 슬쩍 갖다 버리려고 한다니…….

300년 후에는 모든 게 다 잘 될 거야!

약 27년 전, 이탈리아의 제노바 항구에서 자노비아라는 이름의 배가 아프리카로 출항했는데 이 배는 유람선이 아니었습니다. 그 배는 유독성 쓰레기를 운반해왔던 겁니다. 아프리카 땅에 묻어버리는 것 외에 이 쓰레기를 달리 처리할 방도가 보이지 않는 상황이었지요. 아프리카 사람들은 멋진 선물을 바랐을 텐데…….

이런 추문에 접한 국제 여론이 들고 일어나자, 결국 그 배는 출발했던 항구로 다시 돌아가야 했습니다. 스위스도 똑같은 일을 저질렀지요. 독일이 통일되기 전, 스위스는 동독의 이웃들에게 초콜릿과 함께 1년에 6만 톤의 유독성 쓰레기를 보냈어요. 그나마 이 쓰레기는 불로 태워 전력을 생산하는 데 쓸 수는 있었다지요. 하지만 불행하게도 모든 쓰레기가 이렇게 재활용될 수 있는 건 아니에요.

원자력을 이용해 전력을 생산하는 방식은 프랑스에서 방사성폐기물이 생기는 주된 원인이 되고 있습니다. 물론 방사능은 방사선의학에 쓰여 몇 가지 질병을 치료하기도 하고, 공업 생산에도 이용되지요. 이때 나오게 되는 방사성폐기물을 매립하기 위해선 먼저 방사선의 세기와 유해성의 지속기간을 기준으로 분류부터 해야 합니다. 프랑스에서 만들어지는 쓰레기의 90퍼센트는 300년 후에나 사라질 수 있을 거예요. 하지만 원자력발전소의 쓰레기들이 다 사라지는 데는 시간이 더 오래 걸리고, 방사능이 줄어서 완전히 없어지기까지는 수천 년에서 수십만 년까지 걸리지요. 방사성폐기물은 각기 유형에 따라 분리 취급되어야 하고, 방사능 오염의 위험이 없으려면 그 폐기물 창고를 어마어마하게 짓고 철저히 통제해야 해요.

하지만 참 웃기지 않나요? 사람들은 충분히 예상되는 비관적인 미래에는 관심도 두지 않은 채, 그저 먼 과거로 돌아가 옛 크로마뇽인들과 함께 자연이 주는 혜택을 즐기는 것만 좋아라 하잖아요.

소매를 걷어붙이자

리지의 시를 가로지르며 졸다랗게 흐르는 투크 강, 그 강둑 한옆에는 다음과 같이 적힌 게시판이 하나 서 있습니다. "1993년: 12톤의 쓰레기, 1994년: 9

톤, 1995년: 7톤. 행동에 나섭시다!" 처음에 사람들은 어떻게 7톤의 쓰레기가 이 강에 쌓일 수 있었는지 궁금해 했지만, 뒤이어 사람들은 강을 따라 흘려보냈거나 어디서든 '무심코 버렸던' 종이, 병, 껌, 기름통, 낡은 타이어들에 대해 생각하게 되었지요.

남녀노소 할 것 없이, 사회적인 지위가 어떠하든, 어느 나라에서 살든 우리 모두는 지구에 대해 책임이 있습니다. 이제 우리 모두는 뭐가 문제인지를 알고 있지요. 지구가 정말 비정상적인 상태라는 것도 말입니다. 이런 상황을 변화시키는 데는 당장 소매를 걷어붙이는 게 유일한 방법이죠.

좋아요. 그런데 어떻게 해야 할까요? 물론 무당벌레에서부터 핵실험에 이르기까지 모든 게 잘못되고 있다는 주장을 담은 플래카드를 대통령 코앞에다 흔들어댈 수도 있어요. 그런데 이렇게 생각해 볼 수도 있지 않을까요? '내가 어떤 행동을 하는 동안 나 역시 지구

를 오염시키고 있지는 않은가?' 또 '내가 산 연습장이, 휘발유가, 세제가, 제초제가 지구를 푸르게 만들까, 그렇지 않을까?' 하고요.

각자의 처지에 따라

오염시키는 사람이 뭐 따로 있는 게 아닙니다. 모든 사람이 노력해야 해요. 사탕을 싼 종이는 교실에 버리지 말고 호주머니에 넣으세요. 껌은 바닥에 뱉지 말고 작은 종이에 싸서 휴지통에 넣어야죠. 친구들을 깜짝 놀라게 하려고 오토바이의 모터를 부릉부릉 소리 나게 해서 큼지막한 매연구름 만드는 일은 그만두고요. 방문을 칠할 때 썼던 페인트 찌꺼기를 하수구에 그냥 버리지 않도록 주의하고요…….

이런 일은 아주 쉬워 보이지만, 여러분들을 진정한 환경주의자로 만들어 줄 평범한 행동들을 연습하는 과정이에요. 어리석게 개미들을 죽이고, 나무의 가지들을 꺾고, 총알이 장전된 총을 새들에게 겨누거나, 생각 없이 잡초들을 뽑아내는 이 모든 행동이 자연의 균형을 깨뜨린답니다.

그리고 물, 전기, 휘발유를 지나치게 소비하지 않도록 애써야 해요. 집에서 300미터 떨어진 곳에 사는 제일 친한 여자친구 집에 걸어서 가는 일이 그렇게 힘든 일은 아닐 거예요. 운동 조금에 에너지 절약, 남는 장사 아닌가요? 이를 닦는 동안 물을 콸콸 틀어놓아 낭비하지 않는다면, 바로 여러분이 지구의 천연자원을 보존하는 사람이 되는 거예요. 이런 작은 실천들은 매우 필요한 일이지만 이게 엄청 칭찬받을 일까지는 못 된다고 생각한다면, 여러분은 벌써 친구들과 함께 환경 보호에 참여하고 있는 거나 마찬가지에요.

모이면 힘이 된다

자연을 살리기 위해 활동하는 생태주의자들과 다양한 환경 보호 단체들은 사람들 개개인의 취향과 상황까지 고려합니다. 모래언덕은 바다와 바람의 침식으로 조금씩 평평해지고 있고, 강으로는 계절에 따라 이동하는 물고기들이 더 이상 거슬러 올라오지 못하고 있어요.

가로변이나 마을의 종탑도 보호해야 하죠.

여러분들이 이런 '구조' 작업에 참여하고 싶다면 언제든지 대환영이에요! 가족이나 끼리끼리 짝을 지어서, 작은 모임을 만들어 재능을 발휘할 수도 있을 거예요. 늪을 복원하고 싶다면 두 팔을 걷어붙이기만 하면 되죠. 강을 청소하러 가겠다면 주저하지 말고 전화번호부를 꺼내 친구들에게 전화를 걸어 보세요.

브르타뉴 지방의 '연구와 실천 연합' 자원봉사자들은 "우리 삶의 터전은 우리 손으로"와 같은 구호를 담은 스티커를 만들어 붙이며 나섰어요. 연어들이 강을 거슬러 오를 수 있도록 도와주는 자원봉사자들을 구하는 게 목적이었지요. 믿을 만한 18세기 역사자료를 보면, 당시에는 약 100만 마리의 연어들이 있었답니다. 그런데 20세기 말에는 고작 해야 1300마리밖에 남아 있지 않다는 게 확인되었거든요.

시급히 많은 사람들의 힘을 모아야 했습니다. 관청과 지역 당국, 그리고 강이 발원되는 지역의 기업가들에게 이 사실을 알렸지요. 그 훌륭하신 나리들을 대신해 이 자원봉사자들이 얼마나 효율적으로, 얼마나 신속하게 강을 구해 냈는지를 보여주기 위해서였죠.

다시 살아나다

우리 이제, 불도저는 아예 저리 치워놓고 구불구불한 강줄기와 강둑을 그대로 놔두는 친환경적인 방법을 쓰기로 합시다. 어떻게? 가지치기를 해주고, 강의 흐름을 막고 있던 나무토막들은 건어내고, 다 쓴 포장

지, 오물, 물에 썩어 끈적끈적해진 낡은 옷가지들, 구멍이 난 상자들을 한데 묶고 치워내요.

잠시 거들려고 왔던 마을 젊은이들이 결국은 수십 킬로미터나 늘어선 채 끈기 있게 일을 했지요. 농민들은 트랙터·덤프차·로프를 기꺼이 빌려줬고, 협회 회원들과 어부들은 사려 깊은 충고를 아끼지 않았고요. 그래서 하천이 다시 살아났습니다. 몇 달 더 노력을 기울인 끝에 물고기를 풀어놓기만 하면 될 정도가 되었지요. 드디어 해낸 거예요!

하지만 '연구와 실천 연합'은 여기에 안주하지 않았어요. 이 단체는 지구의 생활환경을 개선시키는 데 동참할 자원봉사자들을 모집했어요. 먼저 아프리카의 사헬 지방에 나무를 심으러 가기로 했다는군요.

보물 낚시

하지만 여러분이라면 야생동물을 보호하거나 느릅나무를 심기 위해, 또는 연못을 다시 파서 무당벌레들이 다시 찾아오게 하기 위해, 아니면 야생초와 약용식

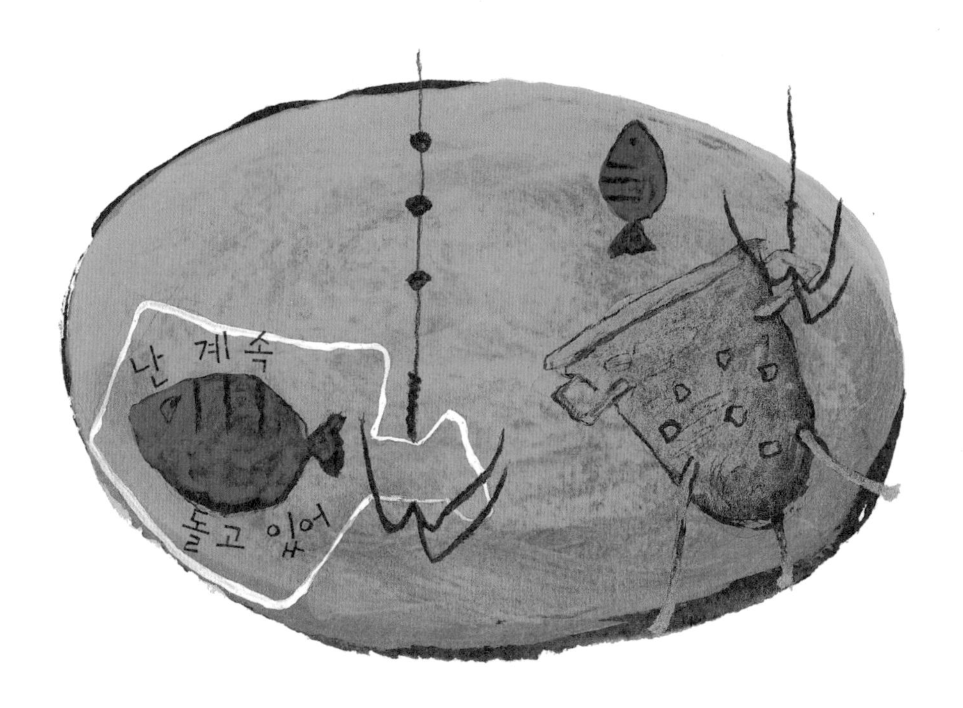

물들의 신비를 배우기 위해 모일 수도 있을 거예요. 주저하지 말고 환경 보호 단체들, 그리고 개발도상국들과 자매결연을 맺은 단체들에 연락을 해보세요. 그들은 여러분의 도움과 열정을 흔쾌히 반길 거예요.

행복은 초원에 있다

사람들이 득실득실하고 선크림 냄새가 진동해서 바다 냄새라곤 코끝에도 스치지 않는 해변과는 그야말로 차원이 다른 곳으로 여름휴가를 떠났나요? 그렇다면 한가한 전원에서 휴식을 취하면서 수탉의 꼬끼오 소리를 자명종 삼아 듣고, 암소 젖도 짜보고, 농장의 맛난 음식도 먹어보는 기쁨을 새삼 깨달았겠군요. 그런 걸 '녹색여행'이라고 하지요. 대도시의 오염된 공기도 잊고, 끊임없이 들려오는 자동차 경적소리도 잊은 채, 신선한 공기와 새들의 노래와 산책의 즐거움을 맛본다면 여러분은 아마 초원의 암소보다 더 행복할 거예요. 시골집에서 방을 하나 빌려 지내본다면, 들판의 매력뿐 아니라 계곡의 오목한 곳에 들어앉은 마을의 매력도 발견할 수 있을 거예요.

관광업체들은 걷거나 말을 타고 갈 수 있는 산책로와 그 지역을 흐르는 작은 하천들이 은근히 변함없는 매력이 있다는 걸 보여주려고 최선을 다해 투자를 하게 마련이지요. 그러니까 녹색여행은 말하자면 휴가를 보내는 한 가지 방법이 되는 겁니다. 벌써 애호가들도 많이 생겼답니다. 학교에서도 '녹색교실'(자연 속에서 진행되는 야외 수업 -옮긴이)을 발전시키고 있어요. 하지만 이런 형태의 여행이 그저 한때의 유행이거나 '생태주의를 끌어들이려는 속임수'가 되어선 안 되겠지요. 더불어 각 지역도 진정으로 의지를 가지고 문화유산·자연경관·기념물 등을 개발하게 되기를 기대해 봅니다!

'생태-시민'이 되자

니콜라 윌로 재단의 구호는 이겁니다. "나의 지구는 내가 지킨다." 여러분들이 '생태-시민'이 되고 싶다면 이 재단이 많은 도움을 줄 수 있을 거예요. 이 재단은 환경을 올바로 알고 이해하고 행동에 나서기 시작하는 모든 사람을 후원하지요. 그러니 여러분이 동호회를 만들고, 그 동호회가 재단의 인가를 받는다면, 예를 들어 경험 많은 조류학자들의 도움을 받아 새를 관찰하러 떠날 수도 있답니다.

누가 여러분더러 푸른 박새, 방울새 혹은 할미새가 어떻게 생겼느냐고 묻는다면 여러분들은 대답할 수 있나요? 아마도 괜히 기가 죽어 고개를 저어야 할 거예요. 그러나, 저 푸른 들판을 한 바퀴 돌아보세요. 그러면 그 정도는 금세 알게 되지요.

모두를 위한 낙원

수없이 실패를 거듭하고 여러 가지 생태 재난을 겪어보고 나니, 옛 에덴동산의 한 구석으로 다시 돌아가고 싶어지는군요. 하지만 다시 과거로 돌아갈 방법은 없습니다. 그럼 이제 어떻게 해야 할까요? 우리가 세상의 급속한 기술적 진보에 제동을 걸 수 없다면, 우리의 머릿속 생각을 바꾸고 두 눈을 크게 뜨고 행동에 나서는 수밖에 없어요.

지구의 예전 모습인 그 낙원의 작은 한 구석을 되찾으려면 모든 사람이 자신의 존엄성을 지키고, 충분히 먹어야 하고, 입을 옷과 잘 집이 있어야 하고, 배우고 웃고 나누고 사랑할 권리가 있어야 합니다. 이 일이 불가능하기만 할까요? 어쩌면 가능할지도 몰라요…….

사랑의 역사

"우리는 백인이 우리 생각을 이해하지 못한다고 봅니다. (…) 백인은 이 땅이나 저 땅이나 똑같다고 하지요. 왜냐하면 그는 필요에 따라서 야밤에 약탈하러 온 이방인이니까요. 땅은 그의 형제가 아니라 적입니다. 백인이 땅을 정복했으니, 자기 길을 계속 가겠지요. (…) 그는 어머니 지구를, 형제인 하늘을 마치 양이나 보석처럼 우리가 살 수 있고 약탈하고 팔 수 있는 물건들처럼 다룹니다. 백인의 욕망은 지구를 삼켜버릴 것이고 그가 지나간 길에는 사막밖에 남지 않을 겁니다.

저는 모르겠습니다. 우리의 길은 당신의 길과 다릅니다. 당

내 지구는
내가 지킨다……

신네들 도시를 보면 우리네 붉은 피부를 가진 사람들은 눈이 부셔요. 아마도 붉은 피부를 가진 사람은 이해할 줄 모르는 야만인이기 때문이겠지요.

백인의 도시에는 고요한 곳이, 봄이면 펼쳐지는 나뭇잎들의 소리나 곤충들의 날갯짓 소리를 들을 수 있는 곳이 없어요. 하지만 아마도 그것은 내가 야만인이라 이해하지 못하기 때문인가 봅니다. 오직 굉음만이 들려서 우리의 귀는 몹시 아픕니다. 만일 사람이 쏙독새가 혼자 우는 소리나 연못 주변의 개구리들이 밤에 한데 모여 우는 소리를 들을 수 없다면 사는 게 뭐가 좋을까요. 나는 피부가 빨간 사람이고 이해를 못하겠습니다. (…)

우리가 우리 아이들에게 가르치는 것을 여러분 아이들에게도 가르쳐 주세요. 지구는 우리의 어머니라는 것을요. 지구에서 일어나는 모든 일은 지구의 자식들에게도 일어납니다. 사람들이 지구에 침을 뱉는다면 그들은 자기 스스로에게 침을 뱉는 셈이지요.

우리는 지구가 인간에게 속한 것이 아니라 반대로 인간이 바로 지구에 속해 있다는 걸 알고 있습니다. (…) 한 가족을 잇는 핏줄처럼 모든 것이 연결되어 있다는 것을 우리는 알고 있어요.

모든 것이 연결되어 있어요. (…)”

이것은 1854년에 북아메리카 인디언을 대표하여 시애틀 추

장이 했던 말입니다. 그는 인디언의 땅을 돈으로 사고자 했던 워싱턴에 있는 미국 대통령에게 바로 그렇게 대답했다고 하지요. 오늘날 그의 말은 그 어느 때보다 더, 우리 마음속에서 지구를 살리기 위한 지혜의 말로 울려옵니다.

유독성 쓰레기의 위험

쓰레기를 수출한다?

일부 선진국이 산업 폐기물을 자기 나라의 엄격한 규제를 피해 후진국에 '재활용'을 명분으로 판매 또는 밀수출하는 등의 처리 방식은 여전히 근절되지 않고 있는 문제다. 1988년 이탈리아의 유해성 폐기물 4000톤이 나이지리아의 코코항에 반입되는 등 부당한 폐기물 거래가 국제문제로 떠오르자, 이를 막기 위해 1989년 3월 세계 116개국 대표가 모여 유해 폐기물의 국가간 이동 및 처리에 관한 국제협약(바젤협약)을 채택한 바 있다. 그러나 이후 2006년 8월에도, 네덜란드에서 가솔린 드럼통을 씻는 데 사용됐던 폐수 550톤이 서아프리카의 가난한 나라 코트디부아르로 밀반입되어 총 8만여 명이 병원 치료를 받고 그중 10명이 사망하는 큰 사고가 있었다. 2001년의 유엔 통계에 따르면, 바젤협약국들이 보고한 유해 폐기물만도 1억 톤이 넘고, 국가간에 이동된 폐기물은 1993년 200만 톤에서 2001년 850만 톤 이상으로 급증한 형편이다.

핵폐기물은 어떻게 한다?

원자력발전은 핵연료를 사용하기 때문에 필연적으로 핵폐기물(저준위 방사성폐기물과 고준위 방사성폐기물)이란 유독성 쓰레기를 남기게 된다. 저준위 방사성폐기물은 상대적으로 적은 양의 방사선을 방출하지만, 100~500년 동안 안전하게 보관되어야 한다. 그러나 미국 등의 선진국에서 1940년대부터 1970년대까지 발생한 저준위 폐기물의 대부분은 바다에 버려졌고, 놀랍게도 영국과 파키스탄은 최근까지도 그렇게 해온 것으로 알려졌다. 고준위 폐기물은 엄청난 양의 방사선을 방출하면서 오랫동안 방사능을 유지한다. 어느 특정 물질(플루토늄-239)의 경우는 재처리를 통해 분리되지 않는다면 약 24만 년간 보관되어야 한다. 과학자들 중 일부는 고준위 방사성폐기물을 장기간 안전하게 보관하는 게 기술적으로 가능하다고 주장하지만, 대부분의 과학자들은 이에 대해 회의적이다.